Marc Bekoff

Das unnötige Leiden der Tiere

HERDER spektrum

Band 5196

Das Buch

Gewidmet ist dieses Buch allen Kindern der Welt, und es richtet sich vor allem – aber nicht nur – an jüngere Menschen. Es wird zu einem großen Teil die Aufgabe der nächsten Generationen sein, Tieren mit mehr Achtung, Mitgefühl und Liebe zu begegnen. Wie sich in den letzten Jahren drastisch gezeigt hat, muss Schluss sein mit Massentierhaltung, mit der Züchtung von lebenden „Fleischmaschinen", der Verfütterung von Tiermehl und der Vernichtung vieler Millionen Tiere zwecks Marktbereinigung. Infolge von Profitgier und unverantwortlicher Politik sind antibiotikahaltiges Fleisch, BSE und das industrielle Klonen von Tieren zu Gefahren geworden, die uns alle bedrohen. Die Folgen sind noch nicht abzusehen. Zwar fangen viele Menschen, da ihnen nun Schaden droht, an umzudenken und z. B. bewusster einzukaufen. Aber das ändert nichts daran, dass allein in Deutschland jährlich viele Millionen Versuchstiere im Dienste der Wissenschaft oder der Pharma- und Kosmetikindustrie getötet werden oder dass die Schlachttiertransporte weitergehen. Und das, obwohl inzwischen erwiesen ist, dass Tiere über Bewusstsein verfügen, dass sie sowohl Schmerz, Angst und Leiden empfinden als auch Freude, Glück und Zuneigung.
Marc Bekoff kommt zu dem Schluss, dass ein grundsätzlicher Wandel in der Haltung der Menschen nötig ist: Statt das Recht des Stärkeren für sich in Anspruch zu nehmen, sollten sich die Menschen von mehr Achtsamkeit und Verantwortung für alle Geschöpfe leiten lassen. – Ein ABC des Tierschutzes, das über alle wichtigen Fragen der Tierrechte informiert, prägnant die wesentlichen Argumente an die Hand gibt und Alternativen zum Missbrauch an Tieren aufzeigt.
Die weltberühmte Schimpansenforscherin Jane Goodall schrieb ein Vorwort, das Mut macht und klarmacht, dass Menschen, indem sie Tiere nicht artgerecht behandeln, letztlich auch sich selbst schaden.

Der Autor

Marc Bekoff ist Professor für Biologie an der University of Colorado. Sein Forschungsgebiete sind Verhalten und Kognition von Tieren sowie Tierrechte. Er ist Autor von 13 Büchern, u. a. einer Enzyklopädie der Tierrechte. Über seine Arbeit wurde in zahlreichen Fernsehsendungen und Zeitschriften berichtet, u. a. in *Time Magazine* und *U.S. News and World Report.* Er ist regionaler Koordinator in Jane Goodalls *Roots & Shoots Program,* einer Organisation mit 1500 Gruppen, in denen sich junge Leute für den Tierschutz einsetzen.

Marc Bekoff

Das unnötige Leiden der Tiere

Tierrechte – was jeder Einzelne tun kann

Vorwort von Jane Goodall

Aus dem Amerikanischen
von Janine Goss

HERDER

FREIBURG · BASEL · WIEN

Die amerikanische Originalausgabe, im Jahre 2000 unter dem Titel „Strolling with Our Kin: Speaking for and Respecting Voiceless Animals“ bei Lantern Books, New York, erschienen, wurde für die deutsche Ausgabe aktualisiert und gründlich überarbeitet.

Gedruckt auf umweltfreundlichem,
chlorfrei gebleichtem Papier

Deutsche Erstausgabe

www.herder.de
Umschlaggestaltung und Konzeption:
R·M·E München / Roland Eschlbeck, Liana Tuchel
Umschlagmotiv: © Corbis Stock Market
Satz: Barbara Herrmann, Freiburg
Druck und Bindung: fgb · freiburger graphische betriebe 2001
www.fgb.de
ISBN 3-451-05196-6

Für alle Kinder überall auf der Welt. Mögen eure Begegnungen mit unseren Verwandten, den Tieren, stets von Respekt, Mitgefühl, Bescheidenheit und Liebe geprägt sein. Gebt die Hoffnung nicht auf, auch wenn manches aussichtslos erscheint. Lasst eure Träume nicht sterben. Hängt auch heute der Himmel voller Wolken, kann doch morgen schon die Sonne scheinen …

Inhalt

Vorwort von Jane Goodall

Ob ein Mensch Tiere respektiert, ignoriert oder gar misshandelt, hängt ganz entscheidend davon ab, welche Erfahrungen er in der Kindheit gemacht hat und welchen Einfluss Familienmitglieder und Freunde ausgeübt haben. Ich selbst war diesbezüglich in einer glücklichen Lage: Als meine Mutter eines Tages bemerkte, dass ich eine Hand voll Würmer mit ins Bett genommen hatte, warf sie diese nicht einfach hinaus, sondern erklärte mir behutsam, das die Würmer ohne Erde sterben würden, woraufhin ich mich beeilte, sie in das kleine Stück Garten unseres Londoner Apartments zurückzubringen. Meine Mutter förderte stets mein Interesse an Tieren und sorgte dafür, dass wir mit zahlreichen Tieren aufwuchsen. Neben einem Hund zählten auch mehrere Katzen, Meerschweinchen, Hamster und Vögel zu den Gefährten meiner Kindheit. Für das Wohlergehen und die Versorgung all dieser Tiere waren meine Schwester und ich verantwortlich. Wir entwickelten eine Abneigung gegen eingesperrte Tiere, so dass die Türen unserer Vogelkäfige stets offen standen und die Vögel frei herumflogen. Die Hasen liefen im ganzen Haus umher, die Hamster bauten ihr Nest hinter dem Sofa und die Meerschweinchen begleiteten uns regelmäßig in entsprechendem ‚Geschirr' bei unseren Spaziergängen.

Wir wurden stets ermutigt, im Einklang mit der Natur zu leben, sie zu erforschen und aus all den Büchern, die uns umgaben, über sie zu lernen. Das kostbarste Buch, ein umfangreiches Werk über ‚Das Wunder des Lebens', erhielten wir als Belohnung für eine stattliche Anzahl gesammelter Coupons, wie sie auf Lebensmittelverpackungen zu finden sind – die meisten davon stammten vermutlich von Cornflakes-Packungen. Obwohl es für Erwachsene geschrieben war, galt diesem Buch mit den unzähligen Abbildungen und einer beeindruckenden Themenvielfalt meine ganze Leidenschaft und es lehrte mich, tiefen Respekt vor dem Leben und den Wundern der Natur zu entwickeln.

Seit damals hat sich vieles in der Welt verändert. Missbrauch von Tieren gab es immer schon, aber dank der Aufklärungsarbeit der Medien und der unermüdlichen Bestrebungen all derer, die sich dem Schutz der verschiedensten Kreaturen, vom Hummer bis zu den Schimpansen, und ihrer jeweiligen Lebensräume widmen, herrscht heute ein größeres Wissen und Bewusstsein darüber, wenngleich auch diese Zeit das Leiden der Tiere z. B. durch Massentierhaltung billigt und fortsetzt. Die weltweite Bevölkerungsexplosion und der damit einsetzende Konkurrenzkampf um schwindende Ressourcen hat die Kluft zwischen Mensch und Tier stetig vergrößert und einen ‚Krieg' entfacht, den die ‚Natur' zu verlieren droht. Trostlose Innenstädte und ein Mangel an Naturverbundenheit führen zu einer zunehmenden Entfremdung der Kinder von der Natur.

Es gibt deshalb einen neuen Bedarf an Informationen, durch die junge Leute angeregt und befähigt werden, die Natur und ihr eigenes Eingebundensein in die ‚natürliche Welt' zu verstehen. Bereits in der Schule sollten Kinder lernen, die Gesellschaft, in der sie leben, auch hinsichtlich ihres Umganges mit Tieren kritisch zu hinterfragen. Wir sollten unseren Kindern die Möglichkeit bieten, einen respektvollen und einfühlsamen Umgang mit allen Lebewesen zu entwickeln, und sie dazu anleiten, auch den Tieren, mit denen wir diesen Planeten teilen, einfühlsam zu begegnen. Aus diesem Grund habe ich unser ‚Roots & Shoots Program' entwickelt, an dem junge Menschen teilnehmen können, die an Projekten zum Schutz der Umwelt, der Tiere und der menschlichen Gemeinschaft in ihrer Umgebung interessiert sind. Das Programm basiert auf zwei elementaren Aussagen: (a) ‚Jedes einzelne Leben zählt und ist stets von Bedeutung' und (b) ‚Nur wenn wir verstehen, können wir uns kümmern; nur wenn wir uns kümmern, können wir helfen; nur wenn wir helfen, werden sie überleben'. Wir müssen unsere Kinder fördern und sie befähigen, uns zu helfen, diese Welt zu retten, die so bald schon ihre Welt sein wird. Das Thema Tierschutz und Missbrauch umfasst eine Vielzahl unterschiedlichster Aspekte. Entsprechend groß ist das Angebot an Informationen, die sowohl durch Tierschutzorganisationen als auch durch Bücher und Magazine Verbreitung finden.

Marc Bekoff hat all diese Sachverhalte klar und überzeugend zusammengefügt.

‚Das unnötige Leiden der Tiere' ist ein hilfreiches ‚Nachschlagewerk' sowohl für jüngere Menschen als auch für Eltern und Lehrer. Es behandelt sämtliche Aspekte unserer Beziehung zu Tieren und es wirft ethische Fragen über die Art und Weise auf, in der wir Tiere ausbeuten. Wir nehmen Tiere oft genug nur in Beziehung zu uns selbst wahr, statt sie als Wesen mit eigenen Rechten und Bedürfnissen zu schätzen und zu respektieren.

Wenn Kinder Zugang zu umfassenden Informationen haben, die ihnen ein genaues Verständnis dieser Sachverhalte ermöglichen, ist ihre Logik entwaffnend. Mein fünfjähriger Enkel ist in Tansania aufgewachsen, umgeben von Menschen, die Angeln als eine Art Lebensphilosophie betrachten. Nachdem er eine lange Zeit mit einem unserer ‚Roots & Shoots'-Volontäre verbracht hatte, fragte er seinen Vater eines Tages, wo denn der Fisch auf seinem Teller herkäme. Er wollte wissen, ob der Fisch für ihn getötet worden sei. In diesem Fall wolle er von nun an keinen Fisch mehr essen. Gänzlich unabhängig von meinem Enkel begann seine dreijährige Schwester ähnliche Fragen über die Hühner zu stellen, mit dem gleichen Ergebnis. Ich vermutete zunächst den Einfluss der Volontärin, die sich, ebenso wie ich selbst, vegetarisch ernährt. Auf mein Nachfragen versicherte sie mir, sie habe lediglich über die Gefühle, Bedürfnisse und Fähigkeiten von Tieren gesprochen, keinesfalls jedoch den Vegetarismus gepriesen.

Wenn Kinder erfahren, welche schrecklichen Grausamkeiten zum Teil schon der Handel mit Tieren mit sich bringt, werden sie verstehen, warum es ein Fehler ist, ein exotisches Tier zu kaufen. Wenn sie erfahren, was allzu oft hinter den

Kulissen von scheinbar seriösen Zoos passiert, werden sie die Tiere dort mit anderen Augen sehen. Sie werden Fragen stellen über Zusammenhänge, die ihnen bisher nicht bewusst waren.

Das Wissen über Tiere kann zu größerem Respekt und größerer Anteilnahme an ihrem Wohlergehen führen, aber auch das Gegenteil kann der Fall sein: Jedes Mal, wenn ein Schüler oder eine Schülerin gegen seinen bzw. ihren Willen ein einst lebendiges Tier im Klassenraum sezieren soll, sinkt die Hemmschwelle, etwas Derartiges zu wiederholen. Wir müssen andere Wege beschreiten, um Respekt vor allen Lebensformen zu erlangen, und wir müssen lernen, uns an der Vielfalt und Verschiedenheit allen Lebens zu erfreuen, statt es zu vernichten.

‚Das unnötige Leiden der Tiere' will junge Menschen ermutigen, sich eigene Gedanken zu machen und die vorherrschenden Umstände zu hinterfragen. Zugleich wird dieses Buch Eltern und Lehrern umfassende und unschätzbare Informationen zu einer Vielzahl von Themen liefern, die z. B. die Intelligenz von Tieren, ihre Leidensfähigkeit und ihren unfreiwilligen ‚Einsatz' in Tierversuchen, medizinischen Experimenten, in der Massentierhaltung, zu Unterhaltungszwecken usw. betreffen. Vor allem wird ‚Das unnötige Leiden der Tiere' die natürliche Neugier von Kindern und Jugendlichen in ihrer Welt fördern und ihnen ein Gefühl der Anteilnahme an den Wundern der Natur vermitteln. Zudem zeigen diejenigen, die schon als Kind freundlich und respektvoll mit Tieren umgehen, wahrscheinlich auch mehr Verständnis für die Bedürfnisse und Gefühle anderer Menschen.

Ich hoffe, dieses Buch wird bald in allen Bibliotheken und in vielen Haushalten zu finden sein. Ich werde es unseren 1500 ‚Roots & Shoots'-Gruppen in Nordamerika und anderen Teilen der Welt empfehlen.

Kapitel 1
Ein ABC des Tierschutzes und des Mitgefühls

Vom harmonischen Zusammenleben mit unseren nicht-menschlichen Verwandten

In diesem Buch geht es um den Schutz der Tiere. Um diesen Schutz zu gewährleisten, bedarf es der menschlichen Fürsorge, des Mitgefühls und der Anteilnahme am Leben der Tiere. Ich werde alle nicht-menschlichen, tierlichen* Lebewesen hier der Einfachheit halber als ‚Tiere' bezeichnen, wenngleich die strikte Trennung von Mensch und Tier nicht nur die nahe Verwandtschaft von uns Menschen zu den großen Menschenaffen wie zum Beispiel Schimpansen und Gorillas ignoriert, sondern auch die gravierenden Unterschiede zwischen so verschiedenen Tierarten wie Hunden, Katzen, Ratten, Schlangen, Eidechsen, Fischen, Bienen, Ameisen, Termiten und vielen anderen Lebewesen außer Acht lässt.

Es gibt viele Fragen hinsichtlich des Miteinanders von Menschen und Tieren. Forscher und Wissenschaftler der verschiedensten Bereiche wie Philosophie, Biologie, Psychologie, Anthropologie, Geschichte, Soziologie und Rechtswissenschaft arbeiten an den Universitäten zusammen, um Antworten auf all die vielen, komplexen Fragen zu finden, die das Zusammenleben und das Verhältnis von Mensch und Tier betreffen. Aber auch außerhalb der Universitäten interessieren sich viele Menschen für die Beziehungen zwischen Menschen und Tieren und verbringen viel Zeit mit

---

* Ich verwende den Begriff ‚tierlich', um zu verdeutlichen, dass der Ausdruck ‚tierisch' (im Unterschied zu ‚menschlich') bereits eine sprachliche Abwertung und Diskriminierung nicht-menschlicher Lebewesen darstellt.

dem Versuch, die Lebensbedingungen von Tieren zu verbessern.

Zahlreiche Sachverhalte müssen im Rahmen der Diskussion um das ‚tierlich-menschliche Verhältnis' berücksichtigt werden. Ich kann hier nur einige davon darstellen. Glücklicherweise gibt es viele Menschen, denen das Leben von Tieren so wichtig und schützenswert erscheint, dass sie sich aktiv für ein besseres, glückliches, behütetes und würdiges Leben der Tiere einsetzen. Während einige Menschen glauben, wir könnten Tiere beliebig ‚benutzen', weil wir die selbst ernannte Krone der Schöpfung repräsentieren, sind andere der Überzeugung, dass wir kein Recht haben, in negativer Weise vorsätzlich Einfluss auf das Leben von Tieren zu nehmen, weil wir nicht die alles beherrschende Gattung verkörpern, sondern eine Spezies von vielen sind.

Mäßigung und Konsequenz

Die meisten Menschen vertreten die gemäßigte Meinung, dass die Nutzung einiger, aber nicht aller Tiere ‚erlaubt' sei. Für diese Menschen sind nicht alle Lebewesen gleich, obwohl es ihnen schwer fällt, diese Wertung konsequent und objektiv zu begründen. Vermutlich würden wir nicht zögern, das Leben eines oder mehrerer Schimpansen zu opfern, um das Leben der eigenen Mutter oder des eigenen Kindes zu retten, doch wenn es sich um einen Fremden handelte, würde es uns schon um einiges schwerer fallen. Vielleicht erfreut man sich an Fischen im Aquarium oder an einem Vogel im Käfig, nicht aber an Gorillas im Zoo. Lisa Mighetto hebt in ihrem Buch „Wild Animals and American Environmental Ethics" hervor, dass „jene, die sich über die Inkonsequenz der Tierschützer beklagen, (...) weder die Komplexität noch die rasante Entwicklung dieser Haltung (verstehen)". Unserer Inkonsequenz und Widersprüchlichkeit im Umgang mit all den schwierigen Aspekten des Tierschutzes zum Trotz haben wir in vielen, aber längst nicht in allen Fällen bereits wichtige

Fortschritte gemacht. Dennoch besteht kein Anlass zur Selbstzufriedenheit, weil noch immer viel zu vielen Tieren durch Menschenhand Leid zugefügt wird und noch viel Arbeit vor uns liegt. Es ist nicht meine Absicht, diese Menschen zu kritisieren, weil ich um die Schwierigkeit und Komplexität dieser Sachverhalte weiß. Dennoch sind ein gewisses Maß an Konsequenz und möglicherweise auch strenge Richtlinien dringend erforderlich, um das Leid zu lindern und zu verringern, welches Menschen anderen Tieren zu jeder Sekunde eines jeden Tages zufügen.

Warum befassen wir uns überhaupt damit, wie Tiere von Menschen behandelt werden? Warum widmen einige Menschen einen Großteil ihrer Zeit einem genaueren Verständnis der Beziehungen zwischen Mensch und Tier, statt in den Urlaub zu fahren, Spiele zu spielen oder sich mit anderen interessanten Aspekten dieser wundervollen Welt, in der wir alle zusammen leben, zu beschäftigen? Viele Menschen, die sich die Zeit nehmen, die Welt zu betrachten, erkennen, dass sie sich zu weit von den anderen Tieren – und auch von den Pflanzen, den Steinen und den Flüssen –, mit denen sie den Planeten teilen, entfernt haben. Diese zunehmende Distanz hat verheerende Konsequenzen für alle Lebewesen: Das Ausmaß der Umweltverschmutzung ist erschreckend, es gibt zu viele Krankheiten, zu viel Stress, zu viele Autos und zu viele misshandelte Tiere, deren Leben zerstört wurde. Mittlerweile begreifen immer mehr Menschen, dass sie nicht *abgetrennt* von der Natur existieren, sondern selbst ein Teil der Natur sind. *Niemand lebt außerhalb der Natur.* Diese Menschen wollen etwas für all die Lebewesen tun, mit denen sie die kostbaren und begrenzten Ressourcen der Erde teilen. Was liegt also näher, als mit unseren Verwandten, den Tieren, zu beginnen, mit denen wir unseren Lebensraum teilen und mit denen wir sogar ‚reden' können?

Warum ich dieses Buch geschrieben habe

Meine frühe wissenschaftliche Ausbildung gründete auf dem, was Bernard Rollin als „gesunden Menschenverstand der Wissenschaft" bezeichnet hat. Gemeint ist damit ein Verständnis von Wissenschaft als wertfreie Ansammlung von Fakten. Natürlich ist auch die Wissenschaft nicht wertfrei – jeder Einzelne von uns hat seinen eigenen Standpunkt –, aber es dauerte einige Zeit, bis ich das begriff, weil der vorherrschende Anspruch an wissenschaftliche Objektivität mit großer Arroganz und Vehemenz erhoben wird. Im Rahmen der angeblich so objektiven Wissenschaft werden Tiere nicht als Subjekte wahrgenommen, sondern als Objekte, denen man keine Namen gibt und zu denen keine enge Bindung geduldet wird. Für mich hingegen ist die Namensgebung und der Aufbau einer Beziehung zu den Tieren, deren Leben ich studiere, ein Zeichen meines Respekts ihnen gegenüber. Obwohl einige Menschen der Auffassung sind, dass man Tieren keine Namen geben sollte, weil dies zu einer weniger objektiven Behandlung führe als eine Nummerierung von ‚Objekten', gibt es andere, die gerade deshalb eine Namensgebung von Tieren befürworten. In diesem Zusammenhang schreibt Christopher Manes über viele westliche Kulturen: „Wenn wir die Bedeutsamkeit unserer Beziehungen in der Welt daran bemessen, welchen Dingen wir Namen geben, schrumpft unser bedeutungsvolles Universum rasch. Keine andere Kultur hat persönliche Namen so geizig verteilt wie unsere ... (und) Persönlichkeit (so) offiziell auf Menschen beschränkt ... Die Tiere wurden zunehmend namenlos. Etwas, nicht jemand." In ihrem Buch „Grund zur Hoffnung" beschreibt die weltberühmte Schimpansenexpertin Jane Goodall, dass sie in den Anfängen ihrer Laufbahn mit dem Tabu der Wissenschaft hinsichtlich der Namensgebung und Persönlichkeitsbeschreibungen von Tieren konfrontiert wurde. Sie maß dieser törichten Vorgabe jedoch keine Bedeutung bei und setzte ihren unermüdlichen Einsatz für einen respektvolleren Umgang des Menschen mit dem Leben der

Tiere unbeirrt fort. Dem derart degradierenden und starren Blickwinkel der Wissenschaft trat Jane Goodall von Beginn an vehement entgegen, und ihre mutigen Bemühungen haben viel dazu beigetragen, dass immer mehr Wissenschaftler endlich erkennen, dass Tiere keine Objekte, sondern denkende und fühlende Lebewesen sind.

Ich selbst bin Biologe und ein Liebhaber des mannigfaltigen und wundervollen Lebens auf diesem prächtigen Planeten. Als Wissenschaftler war ich in der glücklichen Lage, nicht nur das Sozialverhalten von Kojoten im Grand Teton National Park in Wyoming, sondern auch Verhaltensweisen von Adéliepinguinen in der Antarktis sowie verschiedenster Vogelarten in den Rocky Mountains beobachten und studieren zu können. Ich habe viel über diese und andere wundervolle Tiere gelernt. Es macht mich sehr betroffen, zu sehen, was Menschen anderen Tieren und dem Planeten antun. Wenn es deshalb von Zeit zu Zeit den Anschein hat, als wolle ich *jegliche* Forschungsarbeit mit Tieren, einschließlich meiner eigenen, und jede andere Form der Tiernutzung in jedem Bereich unterbinden, so ist dieser Eindruck falsch. Dennoch bin ich alles andere als glücklich darüber, was mit all den wundervollen Tieren passiert, mit denen zusammenzuleben ich das Privileg habe, und ich denke, dass es vielen Menschen ähnlich geht.

In diesem Buch will ich einige umfassende und zusammenhängende Themen diskutieren und zahlreiche Fragen darüber aufwerfen, wie der Kontakt von Tieren und Menschen aussieht und wie Tiere zum Vorteil des Menschen benutzt werden. Jedes dieser Themen beinhaltet eine Vielzahl von Aspekten, aber all diese Themen nehmen Bezug auf das Wesentliche: *Jeder von uns hat die Wahl zu entscheiden, wie er mit den Tieren, mit denen wir diesen Planeten teilen dürfen, umgeht.*

Es wird sich herausstellen, dass die Art der Begegnung zwischen Menschen und Tieren und die ‚menschliche' Sichtweise und Behandlung von Tieren großen, zum Teil sogar enormen und unwiderruflichen Einfluss auf die verschiedensten Lebensbereiche hat. Die Lektüre dieses Buches wird zeigen, wie eng all diese Themen miteinander verwoben sind, wenn es beispielsweise um die Frage geht, ob Tiere genauso wertvoll sind wie Menschen oder nicht, ob Tiere Rechte haben oder nicht, ob Tiere über Bewusstsein verfügen oder nicht, ob Tiere Schmerz und Leid empfinden oder nicht und ob einzelne Individuen mehr zählen als die ganze Spezies oder nicht. Von den Antworten, die auf diese und andere Fragen gegeben werden, hängt es letztlich ab, wie ein Mensch Tiere wahrnimmt und sie behandelt.

Am Ende des Buches findet sich außerdem eine Liste von Quellennachweisen und Literaturhinweisen, die dem interessierten Leser die Möglichkeit geben, einzelne Themen zu vertiefen. Die Kenntnis und Abwägung unterschiedlichster Positionen und Meinungen bietet gerade bei schwierigen Fragen eine sinnvolle Entscheidungshilfe. Man kann immer etwas von der Sichtweise anderer lernen.

Ich hoffe, dass das vorliegende Buch bei vielen Menschen aller Altersgruppen und Kulturen Anklang findet, weil die von mir diskutierten Sachverhalte und aufgeworfenen Fragen von alters-, zeit- und kulturübergreifendem Interesse sind. Ich hoffe ferner, dass sich viele weitere Fragen ergeben und dass dieses Buch vielleicht auch in Gruppen gelesen und diskutiert wird. Geschwister könnten es einander vorlesen, Eltern, Lehrer und andere Erwachsene könnten es gemeinsam mit Kindern lesen. Besonders kleine Kinder haben eine große Affinität zu Tieren. Ihre ersten Kontakte zu Tieren sind normalerweise freundlich und interessiert und deuten darauf hin, dass Kinder keine großen Unterschiede zwischen sich selbst und den Tieren wahrnehmen. Als mein Neffe Aaron zwei Jahre alt war, entdeckte er eines Tages einen Wurm auf der Erde. Spontan kniete er sich auf den Boden, streckte seine Nase dem Wurm entgegen und sagte ‚Hallo'. Heute ist Aaron zehn, und noch immer üben Tiere eine natürliche Anziehungskraft auf ihn aus.

Die Einstellungen und Empfindungen von Kindern gegenüber Tieren werden maßgeblich durch die frühkindliche Umgebung geprägt. Ältere Kinder und Erwachsene können die Beziehung von Kindern zu Tieren gravierend und dauerhaft beeinflussen. Jane Goodalls Vorwort beschreibt dies treffend.

Jeder Einzelne zählt

Was kann der Einzelne bewirken? Welchen Unterschied macht seine Meinung? Warum sollten wir alle uns um die Tiere und unsere Umwelt kümmern? Diese Fragen sind leicht zu beantworten. Wir alle leben auf diesem Planeten und erben die Welt so, wie andere sie hinterlassen. Die Einsicht in die eigene Eingebundenheit in die Natur kann helfen, eine größere Nähe zu anderen Lebensformen und auch zu unbelebten Dingen zu entwickeln. Tiere zählen auf ihre Art ebenso wie Bäume und Steine. Leider verhalten wir uns allzu oft so, als gelte dies nicht für zukünftige Generationen. Was aber geschieht, wenn nachfolgende Generationen das Chaos erben, das wir hinterlassen? Wir müssen uns dieser Aufgabe gemeinsam stellen und sie weitergeben, weil das, was andere Menschen lernen, ihre Gedanken und Handlungen beeinflussen wird.

Es ist wichtig, andere zu ermutigen, das Leben der Tiere zu erforschen. Es ist wichtig, dass wir alle an einem bestmöglichen Leben der Tiere interessiert sind, und es ist wichtig, kritisch zu hinterfragen, wie Menschen Tiere behandeln. Es ist für jeden von uns wichtig zu wissen, dass das Fleisch auf einem ‚Hamburger' von Kühen und der Schinken auf einem Sandwich von Schweinen stammt und dass Kühe, Schweine, Hühner und Fische soziale Tiere sind, die genauso wie wir Menschen Familien und ‚familiäre Bindungen' haben. Auch Kühe und Schweine waren einst Kinder oder Geschwister von anderen Tieren. Ihrem Leben wird ein Ende gemacht, damit Menschen sie essen können. Sie werden von ihren Müttern und Familien getrennt, werden in Ställe gepfercht, werden unter leidvollsten Bedingungen zu Lebensmittelverarbeitungsfabriken gekarrt und dann getötet. Ich könnte beschönigende Worte wählen, aber das würde die Realität verfälschen. Diese Beschreibungen klingen furchtbar, weil es furchtbar ist, was wir den Tieren antun. Wenn wir diese Dinge nicht beim Namen nennen, gehen wichtige Informationen verloren.

Toleranz zu vermitteln und zu praktizieren sind gute Gewohnheiten, die wir alle in unser Leben integrieren sollten. *Wir müssen eine Ethik der Fürsorge und Anteilnahme entwickeln und praktizieren, damit alle Lebewesen als das respektiert werden, was sie sind: fühlende und leidensfähige Individuen.* Der vielleicht beste Weg, dies zu verinnerlichen, besteht in der Erkenntnis, dass es ein Privileg ist, auf einem so wundervollen und mannigfaltigen Planeten mit all seiner unbeschreiblichen Schönheit leben zu dürfen. Damit unsere Kinder und Kindeskinder die Schönheit und Herrlichkeit der Natur genießen können, muss jeder von uns sehr genau darauf achten, wie Tiere wahrgenommen und behandelt werden. *Wir sind in der glücklichen Lage, mit so vielen anderen Tieren Freundschaft schließen zu können.*

Der Verlust des Lebensraumes und des Artenreichtums

Sowohl international als auch regional herrscht innerhalb kleiner Gemeinschaften großes Interesse daran, wie Menschen mit Tieren umgehen und sie behandeln. Es wird sich zeigen, dass globale und lokale Faktoren eng miteinander verwoben sind und dass die Fragen, wie und warum Menschen mit Tieren umgehen, sei es in der Natur, in der Industrie, in Zoos, in Wildparks, Aquarien oder Tierversuchsanstalten, überall auf der Welt von großer Wichtigkeit sind und überaus kontrovers diskutiert werden. Weltweit ist ein rapider Anstieg der Bevölkerungszahlen zu verzeichnen, und etliche Tier- und Pflanzenarten verlieren den Kampf mit dem Menschen. Die global existierende Artenvielfalt schwindet rasant und vielleicht unwiederbringlich. Eine Titelschlagzeile der ‚New York Times' lautete kürzlich: „Kenias Farmer gegen die Wildtiere – Verlierer sind die Tiere". Tatsächlich verschwanden zwischen 1973 und 1993 rund 58 % der Tiere in Kenias Tsavo-Region. Das entspricht einer Zahl von etwa 106 000 Säugetieren. Nicht nur in Kenia, sondern überall auf der Welt gibt es ähnliche Probleme, die die Landwirtschaft, den Tourismus, die menschlichen Interessen und Bedürfnisse und das Schicksal der Wildtiere betreffen. Angesichts der Bevölkerungsexplosion, des Schwindens des Lebensraumes etlicher Tiere (Schätzungen zufolge verschwindet in Kenia jährlich 2 % der Wildnis) und der zunehmenden Tiernutzung zur Erfüllung menschlicher Bedürfnisse und Wünsche verdienen diese Themen gerade jetzt unsere besondere Aufmerksamkeit.

Auf globaler Ebene fokussieren viele Wissenschaftler das Kernproblem auf die simple Tatsache, dass es zu viele Menschen gibt und nicht genug Land, auf dem und von dem sie leben können. Tatsächlich sehen viele Biologen im Verlust des Lebensraumes die größte Gefahr für Menschen, Tiere und Pflanzen. Der unkontrollierte Verlust des Lebensraumes führt zu einer dramatischen Reduzierung der Artenvielfalt. Auch wenn Menschen sich darum bemühen, einzelne Tierarten wieder auszuwildern oder sie in geeignete Lebensräume umzusiedeln, in denen sie überleben können, werden die benötigten Schutzräume nicht lange verfügbar sein, wenn die Menschen fortfahren, diese Gegenden für sich zu erschließen, und den Tieren damit die Möglichkeit der Ansiedlung nehmen.

Tiernutzung: Die Zahlen sprechen für sich

Neben dem globalen Interesse an den Folgen des Rückgangs der Artenvielfalt gibt es außerdem Bestrebungen, den Blick nicht nur auf das Ökosystem als Ganzes, die Bevölkerungsentwicklung und die Gesamtheit der Arten zu richten, sondern sich im Umgang mit Lebewesen auf das einzelne Individuum zu konzentrieren. Aufgrund des Bevölkerungsanstiegs steigt auch der Bedarf an tierlichen Produkten, an medizinischer Versorgung und an Nahrungsmitteln in astronomische Höhen.

Die Zahlen verheißen nichts Gutes: In ihrem Buch „Slaughterhouse: The Shocking Story of Greed, Neglect, and Inhumane Treatment Inside the U.S. Meat Industry" berichtet Gail Eisnitz, dass allein in den USA jedes Jahr 93 Millionen Schweine, 37 Millionen Rinder, 2 Millionen Kälber, 6 Millionen Pferde, Ziegen und Schafe und fast 10 Milliarden Hühner und Puten zu Nahrungszwecken geschlachtet werden.

Und in der Bundesrepublik Deutschland wurden laut offizieller Statistik 1998 rund 4,1 Millionen Rinder, 40,2 Millionen Schweine, 0,9 Millionen Schafe und Ziegen, 17 500 Pferde und über 356 Millionen Hühner sowie 20,3 Millionen Puten, 14,2 Millionen Enten und 1 Million Gänse zu Nahrungszwecken geschlachtet. Pro Stunde werden bis zu 900 Rinder und Schweine (und bis zu 8000 Hühner) im Schlachthof getötet (vgl.: www.verbraucherministerium.de/tierschutz/tierschutzbericht_2001, siehe auch www.animal2000kempten.de/thema_ mass.htm).

Tiere werden außerdem in Tierversuchen benutzt. Einer 1996 erhobenen Umfrage zufolge wurde in den USA die Zahl der im Tierversuch ‚verwendeten' Tiere auf 1,3 Millionen Individuen geschätzt, davon 52 000 nichtmenschliche Primaten, 82 000 Hunde, 26 000 Katzen, 246 000 Hamster und 339 000 Kaninchen. Die im Tierversuch am häufigsten ‚eingesetzten' Tiere, nämlich Ratten, Mäuse und Vögel, die bis zu 90 % aller im Tierversuch benutzten Tiere ausmachen, sind dabei noch gar nicht berücksichtigt. Diesen Spezies wird im ‚Federal Animal Welfare Act' nicht der geringste Schutz zuteil. Schätzungen besagen, dass mehr als 70 Millionen Tiere jährlich zu Versuchszwecken benutzt werden und dass alle 3 Sekunden ein Tier in einem amerikanischen Versuchslabor stirbt.

Die deutsche Statistik ist nicht viel besser. Den Angaben des Verbraucherministeriums zufolge wurden 1999 insgesamt fast 1,6 Millionen Tiere zu Versuchszwecken benutzt, darunter ca. 776 000 Mäuse, 404 000 Ratten, 43 000 Meerschweinchen, 18 000 andere Nagetiere, 93 000 Vögel (einschließlich Geflügel), 51 000 Kaninchen, 2000 Affen, 6000 Hunde, 1200 Katzen, 380 andere Fleischfresser, 10 500 Schweine, 2600 Ziegen und Schafe, 4000 Rinder, 660 andere Säugetiere, 6000 Amphibien, 174 000 Fische, 750 Reptilien und 660 Pferde und Esel (vgl.: www.verbraucherministerium.de/tierschutz/tierschutzbericht_2001).

In den USA und anderswo werden außerdem zahlreiche Tiere durch Förster und staatliche Angestellte getötet. So haben beispielsweise einige Mitarbeiter des ‚Bureau of Land Management and the United States Fish and Wildlife Service' ‚zum Zeitvertreib' Präriehunde erschossen, um die Population dieser schönen Nagetiere zu kontrollieren. Die mit dem ‚United States Department of Agriculture' vereinigte ‚Animal Damage Control' (ADC) (die sich nun ‚Wildlife Services' nennt) ist verantwortlich für Tierquälerei und die im Namen der Kontrolle und Steuerung von Tierpopulationen beschlossene wahllose Tötung Tausender von Tieren – die sie als ‚Schädlinge' bezeichnen –, darunter allein im Jahr 1997 über 82 000 Kojoten, 5858 Füchse und 320 Berglöwen. 1997 töteten Angestellte der ‚Wildlife Services' über 91 000 Wildtiere, obwohl nur knapp ein Prozent des Viehbestandes Wildtieren zum Opfer fällt, während 99 % an den Folgen von Krankheit, Witterungsbedingungen, Hunger, Durst oder bei der Geburt sterben. Wildlife Services ist ferner für den Rückgang von mittlerweile elf bedrohten Tierarten verantwortlich.

Zahlreiche Tiere werden zudem genetisch so konstruiert und ‚kreiert', dass sie beispielsweise Abwehrkräfte gegen verschiedenste Krankheiten, aber auch Herzfehler entwickeln (siehe u. a.: www.greenpeace.de, www.tierrechte.de, www.peta.de).

Auch das Angebot an genmanipulierten Nahrungsmitteln wächst beständig (www.gen-ethisches-netzwerk.de, www.tierschutz-online.de). Darüber hinaus wird Milchkühen ein wachstumsförderndes Hormon (rBGH = Bovine Growth Hormone) verabreicht, um die Milchproduktion zu erhöhen, obwohl höhere Risiken sowohl für die Tiere (ein Anstieg von Euterinfektionen und Hufkrankheiten) als auch für Menschen (ein möglicher Anstieg des Brustkrebsrisikos) nachgewiesen wurden (vgl. z. B.: www.greenpeace.de; www.vegetarismus.ch; www.tierrechte.de; www.verbraucherministerium.de).

Die ‚Humane Farm Association' (www.hfa.org) initiierte eine nationale Kampagne, um sowohl die Konsumenten vor den Gefahren durch die in der Landwirtschaft eingesetzten Chemikalien zu schützen als auch den betroffenen Tieren Schutz vor Missbrauch aus Profitgier zu gewähren. Bernard Rollin hat diese Sachverhalte in seinem Buch „The Frankenstein Syndrome: Ethical and Social Issues in the Genetic Engineering of Animals" ebenso aufgegriffen und erörtert wie Michael W. Fox in „Beyond Evolution: The Genetically Altered Future of Plants, Animals, the Earth ... and Humans". Über den Einsatz von Chemikalien in der deutschen Landwirtschaft informieren u. a. der Deutsche Tierschutzbund und das Umweltbundesamt (siehe: www.tierschutzbund.de; www.umweltbundesamt.de; www.umweltlexikon-online.de).

Im Hinblick auf das Wohlergehen ‚unserer Haustiere' besteht ebenfalls großer Anlass zur Sorge. Michael Tobias berichtet in seinem Buch „Voices from the Underground: For the Love of Animals", dass zwei 1994 erhobene Umfragen ergaben, dass sich die Zahl der ‚Haustiere' in den USA auf etwa 235 Millionen Tiere, darunter 60 Millionen Katzen, 57 Millionen Hunde, 12,3 Millionen Kaninchen, Meerschweinchen, Hamster, Wüstenspringmäuse und Igel, 12 Millionen Aquarien (keine Schätzung der Anzahl der Fische), 8 Millionen Vögel, 7,3 Millionen Reptilien und 7 Millionen Frettchen beläuft. Umgerechnet auf die Bevölkerungszahl gibt es in Deutschland ähnlich viele Haustiere: Dem Tierschutzbericht 2001 des Verbraucherministeriums zufolge werden derzeit über 90 Millionen Heimtiere gehalten, darunter 5,5 Millionen Katzen, 4,8 Millionen Hunde sowie zahlreiche Kleinnager, Zierfische, Vögel und andere Tiere. Während in den USA jährlich etwa 17

Milliarden US-Dollar für ihre Versorgung ausgegeben werden, sind es in Deutschland etwa 5 Milliarden DM.

Es wäre schön, wenn diese bloßen Zahlen garantieren könnten, dass die Menschen sich auch wirklich um ‚ihre' Tiere kümmern und für sie sorgen. Das ist aber leider längst nicht immer der Fall. Viel zu viele Tiere vermehren sich unkontrolliert und werden schnell zu unerwünschten Hausgästen. Viele dieser Tiere werden ausgesetzt oder misshandelt, wenn sie ‚ihren Menschen' zur Last fallen, oder sie werden ‚zum Spaß' gequält. Eine Vielzahl unterschiedlichster Organisationen, darunter auch ‚Gesellschaften zur Verhinderung von Grausamkeiten an Mensch und Tier', befasst sich mit dem Wohlergehen und dem Schicksal von Haustieren. Die ‚Humane Society of the United States' hat beispielsweise ein Programm namens ‚First Strike' entwickelt, das Grausamkeiten gegenüber Tieren mit Grausamkeiten gegenüber Menschen vergleicht.

Die ‚mehr-als-menschliche Welt'

Wenn die menschliche Population explosionsartig ansteigt, nehmen vor allem die anderen Lebewesen, ganze Ökosysteme, eine Vielzahl von Tier- und Pflanzenarten und auch einzelne Individuen Schaden. Das Ende ist vorhersehbar: Wenn es zu Konflikten der Interessen von Menschen und Tieren kommt, verlieren fast immer die Tiere.

Die Probleme, mit denen wir im Bereich der Interaktion zwischen Mensch und Tier konfrontiert werden, werfen viele Fragen auf, von denen ich etliche in diesem Buch aufgreife, wie z. B. die Frage, wie Menschen andere Lebewesen behandeln *sollten*. Es herrscht ein großes Interesse an der Frage, ob Menschen Tiere überhaupt in besonderer Weise behandeln *sollten*. Müssen wir Tiere in bestimmter Weise behandeln? Gibt es für Menschen im Umgang mit Tieren richtige und falsche Wege? Können wir Tiere beliebig behandeln? Müssen wir die Rechte von Tieren respektieren? Haben Tiere überhaupt *Rechte*? Und wenn ja, was bedeutet das? Diese und andere Fragen, die auf das Verhältnis von Menschen und Tieren abzielen, betreffen die *Moral* der Interaktionen zwischen Mensch und Tier.

Es ist wichtig, darauf hinzuweisen, dass es für viele der Fragen, wie Menschen Tiere behandeln sollten, keine ‚richtigen' und ‚falschen' Antworten gibt. Es gibt eher ‚bessere' und ‚schlechtere' Antworten. Eine offene Diskussion aller Standpunkte wird uns helfen, Fortschritte zu machen. Wir können nicht so tun, als gäbe es manche Standpunkte nicht. Man löst Probleme nicht dadurch, dass man sie ignoriert. Unsere Einstellung Tieren gegenüber steht in enger Beziehung zu unserer Einstellung uns selbst und anderen gegenüber.

Der Philosoph und Geschichtenerzähler David Abram erinnert uns daran, dass wir in einer *‚mehr-als-menschlichen Welt'* leben. Amerikanische Ureinwohner rühmen sich voller Stolz ihrer Verwandtschaft zu allen Tieren. Solche Botschaften sind wichtig, weil sie die nahen, intimen und wechselseitigen Beziehungen zwischen Menschen und Tieren zum Ausdruck bringen und unterstreichen. Tiere sind unsere Verwandten. Wir sollten uns daran erinnern, wie viel uns die Tiere geben. Sie lehren uns Vertrauen, Respekt, Liebe und Verantwortung. Für ein wenig Futter, einen Platz zum Leben und etwas Fürsorge sind sie ein Leben lang für uns da. Wir müssen sicherstellen, dass alle Tiere die Chance erhalten, ein erfreuliches und glückliches Leben führen zu können. Mitgefühl und Respekt sind das Mindeste, was wir den Tieren zurückgeben können.

Es ist außerdem wichtig, daran zu erinnern, dass Tiere, die der Mensch zu Versuchszwecken auswählt, kein ‚Mitspracherecht' an derartigen Entscheidungen haben. Sie haben nicht die Wahl der Zustimmung oder Ablehnung bei Eingriffen an Leib und Leben. Tiere sind auf unseren guten Willen, unsere Fürsorge und unser Mitleid angewiesen. Sie sind darauf angewiesen, dass Menschen ihre Interessen und Bedürfnisse berücksichtigen.

Fürsprache für ‚sprachlose' Tiere

Permanent treffen Menschen Entscheidungen für Tiere. *Wir sind ihre Stimmen.* Wenn wir also stellvertretend für die Tiere sprechen, müssen wir zunächst sicherstellen, dass wir ihre Interessen angemessen berücksichtigen. Um es mit Jane Goodalls Worten zu sagen: „Das Mindeste, was ich tun kann, ist stellvertretend für Hunderte von Schimpansen zu sprechen, die in diesem Moment elendig und ohne Hoffnung in ihren Gefängnissen aus Metall kauern und mit leblosem Blick ins Leere starren. Sie können nicht für sich selbst sprechen." Ich kann meinen Hund Jethro nicht fragen, ob es für mich in Ordnung wäre, ihn für ein Experiment zu benutzen, bei dem er Schmerz und Leid ertragen müsste und vielleicht sogar getötet werden würde. Wenn Menschen Schimpansen zu medizinischen Forschungszwecken ‚nutzen', fragen sie die Tiere aus ‚gutem Grund' nicht, ob sie allein in engen Käfigen sitzen und mit Viren infiziert und verwundet werden wollen, um dann vielleicht ‚geopfert' oder besser gesagt ermordet zu werden, damit die psychologischen und physiologischen Folgen des Experiments detaillierter untersucht werden können.

Aufgrund unserer Position in der Welt und unserer Möglichkeit, frei unsere Gefühle und Gedanken über Tiere zu äußern, *scheinen* die Tiere uns zu jedem beliebigen Zweck zur Verfügung zu stehen. Der bloße Umstand, dass die Tiere keine Mitsprachemöglichkeit haben, gibt uns jedoch nicht das Recht, Tiere wie unser Eigentum, als Mittel für menschliche Zwecke oder gar als allzeit verfügbare Maschinen zu behandeln. Wir haben die Macht, nicht jedoch das Recht, Tiere zu behandeln wie Fahrräder oder Rucksäcke. Wir *müssen* nicht alles tun, nur weil wir es tun können. Nur weil sich bestimmte Vorgehensweisen in der Vergangenheit bewährt zu haben *scheinen*, heißt das nicht, dass sie sich wirklich bewährt haben. So glaubten wir lange Zeit, dass sowohl umfangreiche Tierversuche als auch eine fleischliche Ernährung von *essentieller* Bedeutung für das menschliche Wohlergehen seien. Heute wissen wir es besser. Wir können nicht all die von Menschen begangenen Fehler und Verbrechen ungeschehen machen, aber noch haben wir die Zeit – vielleicht nicht mehr viel Zeit –, Dinge zu verändern, um uns und all den anderen Lebewesen zu einem besseren Leben zu verhelfen.

Leider haben sich viele Menschen bereits weit von der Natur entfernt. Aktuellen Schätzungen zufolge verbringen die meisten Menschen mehr als 95 % ihres Leben in geschlossenen Räumen. Die bedenkliche Entwicklung, dass wir Tiere zunehmend als Eigentum betrachten, mit dem wir nach Belieben umgehen können, ist einc direkte Folge unserer Entfremdung von der Natur und unseren tierlichen Verwandten. Tiere sind keine menschlichen Konsumgüter. Unsere Bedürfnisse sind nicht der Grund dafür, dass die Tiere sich zu so herrlichen Wesen entwickelt haben.

Ich hoffe, dass dieses Buch eine offene Diskussion über den Umgang der Menschen mit Tieren ermöglicht. Durch offenen Meinungsaustausch können wir bessere Lebensbedingungen schaffen und letztlich bessere Menschen werden. Manchmal ist es hilfreich, vorübergehend den ‚gegnerischen' Standpunkt einzunehmen und zu versuchen, diese Position zu verteidigen, um zu erfahren, wie das Gegenüber denkt, und um nachvollziehen zu können, wie seine Gefühle und Gedanken im Umgang mit Tieren entstanden sind.

Den Tieren zugeneigt: Eine persönliche Geschichte

Ich möchte mit einigen kurzen Geschichten über meine persönlichen Erfahrungen mit Tieren beginnen. Ich bin nicht mit vielen Tieren aufgewachsen. Es gab den einen oder anderen Goldfisch und ein paar kleine Schildkröten, denen ich stets liebe- und respektvoll begegnete und die ich gern beobachtete. Meine Eltern erzählten mir, dass ich Tieren besonders als kleines Kind sehr zugeneigt war, dass ich mich gewissenhaft um sie kümmerte und nie an ihrer Intelligenz und an ihren Fähigkeiten zweifelte. Ich fragte mich stets, was die Tiere wohl dachten und was sie bewegen mochte, und ich entdeckte viele Ähnlichkeiten zwischen Mensch und Tier. Mit der Zeit begriff ich, dass Tiere ihren eigenen Blickwinkel und eine ganz andere Wahrnehmung der Welt haben als wir. Wenn ich schreibe, dass Tiere glücklich, traurig, wütend oder eifersüchtig sind, benutze ich zwangsläufig menschliche Begriffe, deren Verwendung es mir und anderen jedoch erleichtert, eine genauere Vorstellung davon zu erhalten, was in den Köpfen von Tieren vorgehen mag. Betroffen hat mich in diesem Zusammenhang die Feststellung, dass viele Menschen, die Tieren durchaus negative Emotionen zuschreiben – dass sie wütend, hinterlistig oder depressiv sein können –, sich viel schlechter vorstellen können, dass Tiere positive Gefühle des Glücks und der Lebensfreude haben.

Erst mit 26 Jahren kam ich in den Genuss, mein Leben mit einem Hund zu teilen. Moses war ein großer, weißer Schlittenhund, der mein Leben nur für kurze Zeit bereicherte. Er war ein Ausbund an Freude und machte mir klar, wie viel mir als Kind entgangen war. Weil ich an der Universität das Verhalten von Tieren studierte, lag es nahe, Moses in den Kreis meiner besten Freunde mit einzubeziehen. Als er zweieinhalb Jahre alt war, ging ich mit ihm zum Tierarzt, um eine harmlose Afterkralle entfernen zu lassen. Der Tierarzt gab ihm ein leichtes Beruhigungsmittel, auf das Moses allergisch reagierte. Er starb ganz plötzlich an allergischem Schock. Der Tierarzt und ich waren fassungslos. – Wie konnte das passieren? Wie sollte ich mit seiner Abwesenheit zurechtkommen? Es war das erste Mal, dass ich einen so großen Verlust erlitt, und dieses Erlebnis bestärkte mich in meinem Wunsch, mein Leben lang mit Tieren zu leben und ihr Verhalten zu studieren. Ich wollte mehr über ihr Leben erfahren, wollte herausfinden, woran es liegt, dass Tiere eine so große Bedeutung im Leben vieler Menschen erlangen. Vor allem aber wollte ich wissen, wie ich selbst dazu beitragen kann, die Lebensbedingungen von Tieren ohne Rücksicht auf die Wünsche und Bedürfnisse von Menschen zu verbessern.

‚Mom' wird vermisst: Aufrichtige Kojoten

Die folgende Geschichte kommt mir immer dann in den Sinn, wenn ich über Tiergeschichten nachdenke, die veranschaulichen, wie die Zuneigung zu Tieren uns helfen kann, ihr Leben zu verstehen. Jahre nachdem sich dieser Vorfall ereignete, ist er mir noch immer sehr lebhaft im Gedächtnis.

Gemeinsam mit einigen Studenten erforschte ich sieben Jahre lang das Leben von Kojoten im Grand Teton National Park in Wyoming. Eines der weiblichen Tiere, welches wir ‚Mom' nannten, hatten wir seit Beginn der Studien als treusorgende Mutter und Partnerin kennen gelernt, bis sie eines Tages begann, ihre Familie für kurze Raubzüge zu verlassen. Sie verschwand für einige Stunden, um dann zum Rudel zurückzukehren, als sei nichts gewesen. Ich fragte mich, ob die anderen Familienmitglieder sie wohl während ihrer ungewohnten Abwesenheit vermissten. Es sah ganz danach aus. Als Mom nach und nach begann, ihre Raubzüge auf ein oder zwei Tagen auszudehnen, reagierten einige Rudelmitglieder auffällig, wenn sie zu neuen Streifzügen aufbrach. Sie drehten die Köpfe zur Seite und legten die Stirn in Falten, so als wollten sie fragen: „Wohin gehst Du?" Wenn sie zurückkehrte, wurde sie von ihren Kindern überschwänglich begrüßt. Die Jungen sprangen laut winselnd und schwanzwedelnd umher, leckten ihre Schnauze und wälzten sich vor Freude am Boden. „Mom ist zurück!" Es war offensichtlich, dass ihre Kinder und ihr Gefährte sie während ihrer Abwesenheit vermisst hatten.

Eines Tages verließ sie das Rudel und kehrte nicht zurück. Die anderen Rudelmitglieder warteten tagelang ungeduldig auf ihre Rückkehr. Einige Kojoten liefen nervös auf und ab wie erwartungsvolle Eltern, während andere sich auf die Suche nach ihr machten, aber stets enttäuscht wiederkamen. Sie gingen den Weg, den Mom gegangen war, versuchten, ihrer Fährte zu folgen und heulten, als riefen sie sie zurück. Die Familie litt spürbar unter dem Verlust und vermisste Mom ohne Zweifel, und vermutlich hätten die Tiere geweint, wenn sie gekonnt hätten. Das Verhalten der Kojoten zeigt deutlich, dass diese Tiere, gleich vielen anderen, über eine tiefe und komplizierte Gefühlswelt verfügen. Nach einer Weile normalisierte sich das Leben der Kojoten. Der Alltag der Tiere bestand im Wesentlichen aus Schlafen, Essen, ein wenig Spielen, Jagen, Ausruhen, Umherstreifen und der Verteidigung ihres Reviers. Dann gesellte sich eine fremde Kojotin zu dem Rudel. Sie wurde schnell von allen akzeptiert, fand einen Partner und wurde schließlich Mutter von acht Babys. Nun war sie die Mutter und Partnerin im Rudel. Dennoch schien es von Zeit zu Zeit, als würden einige der Rudelmitglieder die ‚eigentliche Mutter des Rudels' noch immer vermissen. Vielleicht würde sie zurückkommen, wenn sie weiter nach ihr suchten? Immer wieder streckten die Kojoten ihre Nasen in den Wind, um dann erneut in die Richtung zu laufen, in die Mom verschwunden war, und stets kehrten sie betrübt und allein zurück. Es dauerte drei oder vier Monate, bis sie offenbar schweren Herzens die Suche einstellten.

Der Genickschlag

Nun zu einem weiteren Erlebnis, das mein Leben verändert hat. Eines Abends während eines Seminars in Psychologie stolzierte einer meiner Professoren breit grinsend in den Seminarraum und verkündete, er werde jetzt ein Kaninchen töten, um es für ein Experiment nutzen zu können. Er werde dafür eine als Genickschlag bekannte Methode verwenden. Dann brach er dem Kaninchen durch einen Schlag mit der Handkante das Genick. Ich war schockiert und angewidert von dieser ‚Vorstellung' und weigerte mich, weiter an dem Experiment teilzunehmen. Ich stellte fest, dass das, was ich zu dieser Zeit tat, einfach das Falsche für mich war. Ich begann ernsthaft über Alternativen nachzudenken. Ich schätzte die Wissenschaft und wollte auch weiterhin wissenschaftlich arbeiten, aber ich stellte mir vor, dass es andere Wege geben müsse, Wissenschaft zu betreiben: Wege, die auf einem verbindenden Respekt vor Tieren beruhten und die individuellen und unterschiedlichen Ansichten der Wissenschaftler über die Umsetzung und Vermittlung von Wissenschaft zuließen. Ich wechselte zunächst in ein anderes Seminar, brach jedoch auch dieses nach kurzer Zeit ab, weil ich nicht bereit war, Hunde und Katzen im Labor zu Forschungszwecken zu töten. Dann endlich fand ich ein Seminar, in dem ich das Verhalten der Tiere beobachten konnte, ohne die Tiere erst töten zu müssen, um über ihr Leben zu lernen. Erst kürzlich erfuhr ich, dass der berühmte Biologe Charles Darwin die Medizinische Hochschule ebenfalls nach einem Jahr verlassen hatte, weil ihn die Experimente an Hunden zu sehr abstießen. In seinem Buch ‚Die Abstammung des Menschen' schreibt Darwin über jemanden, der Versuche an Hunden durchgeführt hat: „... dieser Mann muss bis an sein Lebensende Gewissensbisse haben, wenn er nicht ein Herz aus Stein hat."

Es ist richtig, sich um Tiere zu kümmern

Ich erzähle das alles nicht, um Moral zu predigen oder meinen Weg als den einzig gangbaren anzupreisen, sondern vielmehr, um einige Dinge festzustellen und hervorzuheben. Zum einen, dass der frühkindliche Kontakt zu Tieren zwar wichtig, aber nicht unumgänglich zu sein scheint, um Zuneigung und Nähe zu ihnen zu entwickeln. Menschen verfügen durchaus über die Möglichkeit, ihre Einstellung Tieren gegenüber zu verändern. Nicht nur ich selbst, sondern auch viele meiner Kollegen haben ihre Ansichten darüber, was man Tieren antun darf und was nicht, grundlegend geändert.

Der berühmte Nobelpreisträger Konrad Lorenz war der Überzeugung, dass man die Tiere, deren Leben man studieren wollte, lieben sollte und dass es richtig sei, enge Bindungen zu ihnen aufzubauen. Einige Wissenschaftler lehnen es jedoch ab, derartige Beziehungen zuzulassen, weil sie glauben, es würde ihre Forschungsarbeit beeinflussen. In jedem

Fall verändert sich die Einstellung zu Tieren drastisch, sobald man die Tiere, deren Verhalten man studiert, nicht mehr als bloße Objekte betrachtet, sondern versucht, eine respektvolle Beziehung zu ihnen zu entwickeln. Die Wissenschaft kann nur besser oder glaubwürdiger werden, wenn wir Tiere endlich als das respektieren, was sie in ihrer je eigenen Welt sind, und sie nicht als leblose Objekte, sondern als lebendige Subjekte wahrnehmen. Wenn wir die individuellen Bedürfnisse eines jeden Tieres respektieren, werden wir aufhören, Tiere nach unseren Maßstäben zu beurteilen und uns stattdessen ihren Maßstäben zuwenden.

Nur weil andere Tiere anders sein mögen als wir, sind sie deshalb nicht weniger wert als wir. Es ist wichtig, zu erkennen, dass Tiere ihr eigenes Leben und ihre eigenen Ansichten, Interessen und Bedürfnisse haben. Wenn wir uns einreden, dass Tiere sich grundlegend von uns unterscheiden, mag es leichter fallen, ihnen Unrecht zu tun. Eine solche Einstellung macht es jedoch nicht nur für die betroffenen Tiere schlimmer, sondern letztendlich auch für die Menschen. Menschen, die so denken und sich entsprechend verhalten, entfernen sich so weit von der Welt um sie herum, dass sie ihre Einzigartigkeit und Schönheit nicht mehr sehen können.

Es ist richtig, sich um Tiere zu kümmern. Ich glaube, dass die Welt besser werden könnte und dass auch die Wissenschaft davon profitieren würde, wenn wir die Schönheit und den Wert jedes einzelnen Lebens anerkennen. Wir sind die Beschützer und Fürsprecher der Tiere, und genau wie anderen Menschen schulden wir auch ihnen bedingungsloses Mitgefühl, Respekt und Hilfsbereitschaft. Wir haben die Kontrolle und die ‚Vorherrschaft' über andere Tiere, aber das bedeutet nicht, dass wir auch das Recht haben, sie auszubeuten und zu beherrschen. Am wichtigsten aber ist die Tatsache, dass jeder Einzelne von uns zählt und etwas bewirken kann.

Einige Richtlinien

Ich empfinde es als großes Glück und Privileg, dass ich die Möglichkeit hatte, enge Bekanntschaft mit vielen verschiedenen Tieren zu schließen. Ihr Wesen und ihre Einzigartigkeit haben mich berührt und beeindruckt. Ich bin sicher, dass die Tiere mich in gewisser Weise genauso gründlich betrachteten und studierten, wie ich sie beobachtete. Häufig sind sich Menschen nicht im Klaren darüber, dass sie in das Leben der Tiere, für die sie sich interessieren, eingreifen. *Allen Richtlinien für unsere Interaktionen mit Tieren sollte deshalb die Ansicht zugrunde liegen, dass es ein Privileg ist, unser Leben mit anderen Lebewesen zu teilen, dass wir ihrem Leben und ihren Interessen stets Respekt schulden und dass wir ihre ganz eigene Sicht der Welt angemessen berücksichtigen müssen.*

Der Einfluss der Tiere, der aus ihrer Bereitschaft resultierte, so selbstlos und vertrauensvoll ihr Leben mit mir zu teilen, spiegelt sich deutlich in meiner Einstellung gegenüber ihren Fähigkeiten, ihren Rechten und den Grenzen der Wissenschaft wider. Diese beinhaltet die Bereitschaft, (1) zuallererst anderen Lebewesen Respekt, Mitgefühl und Bewunderung entgegenzubringen; (2) den Standpunkt der Tiere einzunehmen; (3) zugunsten der Tiere zu entscheiden, wenn Zweifel an der Art ihrer Schmerz- und Leidensempfindung bestehen; (4) zu erkennen, dass fast alle gängigen Methoden, das Leben und Verhalten von Tieren (selbst in freier Wildbahn) zu erforschen, Eingriffe in ihr Leben darstellen; (5) sich auf die Bedeutsamkeit von Individuen zu konzentrieren; (6) die individuelle Verschiedenheit und Vielfalt der Tiere, ihrer Bedürfnisse und ihres Lebensraumes angemessen zu würdigen und (7) auch im Rahmen wissenschaftlicher Forschung gesunden Menschenverstand und Einfühlungsvermögen walten zu lassen. Obwohl ich mich immer mit den Rechten von Tieren befasst habe, habe ich diese Richtlinien nicht immer auf meine eigene Forschungsarbeit angewandt. Ich habe Versuche durchgeführt, die ich niemals wiederholen würde: So wurden Mäuse und Hühner als Köder verwendet, um das räuberische Verhalten junger Kojoten zu erforschen. Die Kojoten durften die Mäuse und Hühner jagen und töten, und die Opfer hatten keine Chance, zu entkommen. Ich bedaure, dass ich mich an dieser Art der Forschungsarbeit beteiligt habe, und möchte mich bei den Tieren, die im Zuge dieser Forschungen getötet wurden, entschuldigen.

Wichtige Fragen zum Nachdenken

Welche Fragen gilt es zu berücksichtigen, wenn wir darüber diskutieren, wie Menschen und Tiere miteinander auskommen können? Warum sollten wir uns um die anderen Lebewesen kümmern? Ich will zunächst einige dieser Fragen auflisten, um zu verdeutlichen, dass sie untrennbar miteinander verwoben sind.

Ich möchte noch einmal betonen, dass es für viele dieser Fragen keine ‚richtigen' und ‚falschen' Antworten gibt. Widersprüchliche Meinungen sind selten einfach ‚gut' oder ‚schlecht'. Es gibt zahlreiche Grautöne und Zweifel, über die wir durch offene Diskussion mehr Klarheit gewinnen können. Wir müssen uns die Zeit nehmen, über diese und andere Fragen nachzudenken, um das Leben der Tiere in Zukunft zu verbessern. Hier folgen nun einige dieser Fragen, aber es gibt noch viele andere.

- Warum finden einige Menschen es zulässig, Hunde zu töten und zu essen, während andere dies ablehnen?
- Warum fällt es einigen Menschen leichter, Ameisen zu töten als Hunde?
- Sind bestimmte Spezies wertvoller oder wichtiger als andere?
- Empfinden einige Tiere Schmerz, Angst und Leiden, andere hingegen nicht?
- Verfügen einige Tiere über Bewusstsein?
- Haben Tiere Emotionen?
- Sind manche Tiere klug und manche nicht?

- Haben einige, aber nicht alle Tiere Rechte?
- Was ist der Unterschied zwischen Tierrechten und Tierschutz?
- Sollten gefährdete Tierarten wie z. B. Wölfe wieder in ihre ursprüngliche Umgebung umgesiedelt werden?
- Sollten wir uns mehr um die Arten und ihr Überleben kümmern als um einzelne Individuen und deren Wohlergehen?
- Sollten Tiere in Zoos, Wildparks und Aquarien gefangen gehalten werden?
- Sollten wir in das Leben anderer Lebewesen eingreifen?
- Sollten wir uns in einen Kampf, bei dem ein Individuum getötet werden könnte, einmischen?
- Sollten wir hungernde Tiere füttern?
- Sollten wir erste Hilfe leisten, wenn Tiere verletzt sind?
- Sollten wir ölverschmierte Tiere retten?
- Sollten wir Tiere impfen, um sie vor Krankheiten wie Tollwut zu schützen?
- Warum essen manche Menschen Tiere?
- Warum benutzen einige Menschen Tiere zu Versuchszwecken?
- Warum fühlen sich viele Menschen wohler, wenn Hunde anstelle von Menschen für die Forschung ‚genutzt' werden?
- Sollten Tierversuche durchgeführt werden, um Lebensmittel oder Kosmetika zu testen?
- Sollten domestizierte Tiere wie Hunde und Katzen anders behandelt werden als ihre wilden Verwandten, Wölfe und Löwen?
- Müssen wir Tiere sezieren und zerteilen, um etwas über sie oder uns zu lernen?
- Welche Arten von tierversuchsfreien Alternativen zu Tierversuchen gibt es in den verschiedenen Einsatzbereichen?
- Wohin führt uns unser Weg?

Wir alle treffen eine Wahl, und die Gründe dafür, warum wir eine bestimmte Wahl treffen, müssen sensibel analysiert und diskutiert werden. Das Leben der Tiere muss ernst genommen werden. Zu behaupten, dass der Zweck die Mittel heilige, dass also der Vorteil des Menschen die Art und Weise rechtfertige, in der wir Tiere nutzen und behandeln, reicht nicht aus.

Kapitel 2
Tiere in der ‚Welt der Menschen‘

Menschen und nicht-menschliche Primaten: Wie nah sind wir uns?

Obwohl es zahlreiche Unterschiede zwischen Menschen und anderen Tieren gibt, finden sich in vielen wichtigen Bereichen auch erstaunliche Übereinstimmungen und Ähnlichkeiten. So haben Wissenschaftler beispielsweise die Proteine auf den Zelloberflächen von Menschen und Schimpansen verglichen. Bei neun untersuchten Aminosäureketten (Aminosäuren sind die Bausteine der Proteine) unterschieden sich nur fünf (0,4 %) von insgesamt 1271 Aminosäurepositionen. Dies entspricht einer 99,6-prozentigen Übereinstimmung zwischen Mensch und Schimpanse. Darüber hinaus stimmen 98,4 % der Gene von Menschen und Schimpansen überein. Gorillas unterscheiden sich genetisch zu 2,3 % vom Menschen und den Schimpansen, Orang-Utans zu 3,6 %. Ungeachtet dieser Nähe zwischen den Menschen und unseren nächsten Verwandten, den Großen Menschenaffen (Gorillas, Schimpansen, Orang-Utans) verlieren meist die Tiere, wenn Menschen ihren Weg kreuzen. Schimpansen werden noch immer in Tierversuchen benutzt, die mit erheblichen Schmerzen und Leiden verbunden sind. Sie werden an Stühlen festgeschnallt und dann Strahlen ausgesetzt, die zu starken Verletzungen und Erkrankungen und nicht selten auch zum Tod führen, sie werden Extremsituationen ausgesetzt, aus denen sie nicht entkommen können, und mit Krankheitserregern infiziert, die den Tieren enorme Schmerzen und Qualen bereiten. Schimpansen werden auch mit Krankheiten wie Aids infiziert, die sie sich in der Natur gar nicht zuziehen würden. Die Versuchstiere werden meist allein in kleinen Käfigen gehalten und leiden zusätzlich zu den vom

Menschen vorsätzlich verursachten Schmerzen sowohl unter heftigem psychischen Stress, der sich beispielsweise in Form von Depressionen äußert, als auch unter körperlichen Schäden und Verletzungen, die von drastischem Gewichtsverlust bis hin zur Selbstverstümmelung der Tiere reichen.

Weltweit gibt es Bewegungen wie das ‚*Great Ape Project*', deren Vertreter das Leben der Großen Menschenaffen verbessern und ihren Einsatz zu Versuchszwecken beenden wollen. Die britische Regierung entschied unlängst, dass in Großbritannien keine Tierversuche an Großen Menschenaffen mehr durchgeführt werden dürfen. Ein ähnliches Gesetz wurde in Neuseeland verabschiedet. Deutschland und andere europäische Länder haben die ‚Amsterdamer Verträge' unterzeichnet. Im Rahmen dieser Verträge wird anerkannt, dass Tiere fühlende und leidensfähige Wesen sind und „den Erfordernissen des Wohlergehens der Tiere in vollem Umfang Rechnung" zu tragen sei.

Schutzgehege

Was geschieht mit den Tieren, wenn die Forscher ihre Arbeit beendet haben? Häufig entledigt man sich der Schimpansen und anderer Tiere, wenn sie nicht länger ‚von Nutzen' sind. Die Tiere werden ‚geopfert', das heißt, sie werden getötet oder in Käfige gesperrt und zu oft jahrelangem Siechtum verurteilt. Zum Glück gibt es mittlerweile viele Menschen, die den Tod oder die quälerische Gefangenschaft der ‚nutzlos' gewordenen Versuchstiere nicht länger hinnehmen wollen. Diese Menschen wollen Schutzgehege für Schimpansen und andere ‚ehemalige' Versuchstiere errichten, um die sowohl physisch als auch psychisch schwer geschädigten Individuen zu rehabilitieren, ihnen nach all den erlittenen Torturen ein leidfreies und möglichst gutes Leben zu ermöglichen und sie in Würde eines natürlichen Todes sterben zu lassen.

Besonders deutlich wird das Schicksal der Versuchstiere am Beispiel der Schimpansen, die in den USA im Rahmen eines Raumfahrt-Programms benutzt werden, den ‚Air Force Schimpansen'. Während einige Menschen die Nutzung dieser Tieren in der biomedizinischen Forschung fortsetzen wollen, nachdem die Tiere in der Weltraumforschung nicht mehr gebraucht werden, sie also einfach von einem Käfig in den nächsten verfrachten möchten, setzen sich andere für die Beendigung weiterer Versuche ein und wollen den Tieren die verbleibende Lebenszeit so angenehm wie möglich gestalten. Letzten Endes haben die Tiere getan, was man von ihnen verlangte, und oft mussten sie im Dienste der Weltraumforschung große Schmerzen und unsagbares Leid ertragen. Nachdem in einer amerikanischen Fernsehsendung namens ‚Dateline' über Schutzgehege für Schimpansen diskutiert worden war, befürworteten 98 % der Menschen, die auf eine entsprechende Umfrage antworteten, die Nutzung dieser oder ähnlicher Gehege.

Einer der größten Gegner der Schutzgehege ist die ‚Coulston Foundation' in Alamogordo (New Mexico). Ihr Gründer, Frederick Coulston, sagte im Bezug auf Schimpansen: „Warum sollte man sie in den Ruhestand versetzen? Ich würde mich auch nicht zur Ruhe setzen. Die meisten Menschen, die ich kenne, beschäftigen sich auch dann noch mit vielen Dingen, wenn sie sich aus dem Berufsleben zurückziehen. Man kann diese Schimpansen nicht einfach da draußen sitzen und sie in diesen Schutzgehegen leiden lassen." Angaben der Organisation ‚In Defense of Animals' (www.idausa.org) zufolge ist die Coulston Foundation das einzige Labor in der Geschichte der Vereinigten Staaten, das dreimal vom ‚United States Department of Agriculture' formell für Verstöße gegen den ‚Animal Welfare Act' (AWA) angezeigt wurde. 1996 beglich das Labor die erste ‚Rechnung' für den fahrlässig verursachten Tod von Primaten durch die Zahlung einer Geldstrafe in Höhe von 40 000 US-Dollar. Weitere Anklagepunkte zielen unter anderem auf die vielen Verstöße ab, die zum fahrlässig verursachten Tod von Schimpansen geführt haben, darunter auch zwei Verstöße, die das Herzstück des Labors, also die Durchführung von Qualitätstests, betreffen, nämlich zum einen die unzureichende Beaufsichtigung der Forschungsprojekte und zum anderen die mangelhafte tierärztliche Sorgfalt und Betreuung. Auch mit anderen Bundesbehörden ist die Coulston Foundation in Konflikt geraten. Die ‚National Institutes of Health' (NIH) verhängten aufgrund der Unzulänglichkeit der tierärztlichen Mitarbeiter Beschränkungen für die Durchführung von Tests. Vor kurzem führte der Tod eines Schimpansen namens Eason zu weiteren Ermittlungen. In diesem Fall ‚betreute' nur ein einziger, noch dazu unerfahrener Tierarzt Eason und zehn andere zu Versuchszwecken benutzte Schimpansen. Gegen Coulston wird aufgrund von Verstößen gegen den ‚Animal Welfare Act' weiterhin ermittelt. Es wird ein sehr schöner Tag für Tiere sein, wenn die Coulston Foundation geschlossen wird. – Über ähnliche Fälle bei uns informiert: www.tierrechte.de/themen/primaten.

Dass es auch anders geht, beweist der amerikanische Konzern Baxter: Als er bei der Übernahme der Firma Immuno in Wien nahezu 50 Menschenaffen und 100 andere Affen vorfand, die zum Teil mit Aidsviren infiziert waren, wurde ein beachtlicher Budget zur Verfügung gestellt, mit dem eine artgerechte Unterbringung der Tiere bis zu deren natürlichem Lebensende sichergestellt werden soll.

Tiere und das Gesetz: Kauf und Verkauf von Tieren als ‚Eigentum'

Viele Menschen, Rechtsexperten eingeschlossen, bezweifeln, dass Tiere durch die bestehenden Gesetze wirklich ausreichend geschützt werden. Der rechtliche Status von Tieren als Eigentum, als bloßer Rohstoff oder als ‚Sache' für den menschlichen Gebrauch oder Konsum, erschwert es den Tieren ungemein, wirksamen rechtlichen Schutz zu erfahren. Tiere gewinnen fast nie, wenn Menschen zwischen eigenen und tierlichen Interessen abzuwägen versuchen. Nur weil es Gesetze gibt, die bestimmte Dinge erlauben – es ist legal, also können wir es tun – heißt das nicht, dass die bestehenden Gesetze nicht hinterfragt und möglicherweise als Folge einer offenen Diskussion auch geändert werden können. Während in Deutschland zum Beispiel eine Haltung durch Privatpersonen stark erschwert ist, ist es in den Vereinigten Staaten unter geringen Auflagen erlaubt, Große Menschenaffen für private Zwecke zu halten. Dies sollte eigentlich nicht möglich sein, aber durch Gesetzeslücken und die nachlässige Durchführung bestehender Gesetze kommt es immer wieder vor. So fand man beispielsweise in Georgia zwei stark unterernährte Schimpansen in einem dunklen Keller voller Kot und Zeitungen. Einige Wochen, bevor die Schimpansen gerettet wurden, unterschrieb ein Tierarzt die entsprechende ‚Halter-Erlaubnis', die besagte, dass diese wundervollen Affen in angemessenen Unterkünften gehalten würden. Glücklicherweise hat sich der Zustand beider Tiere seit ihrer Rettung deutlich verbessert.

Es ist außerdem höchst bedenklich, dass Tiere – und zwar nicht nur unsere domestizierten ‚Haustiere' – per Post bestellt werden können. Beim so genannten ‚Animal Finders' Guide' kann man Schimpansen, Affen, zahlreiche Fleischfresser, einschließlich Rotfüchse und Wölfe, und sogar Weiße Rhinozerosse bestellen. Erst kürzlich wurde ein männliches Schimpansenbaby in den USA für 30 000 Dollar zum Verkauf angeboten. In der Ausgabe vom 1. Juli 1998 waren außerdem Kamel- und Zebra-Babys, Japanische Makaken (eine Affenart), Löwenäffchen, Pumas, junge Schwarzbären, Kanadische Luchse und Königstiger ‚im Angebot'. Man muss sich fragen, wie das Leben dieser Tiere aussehen wird, wenn sie in unangemessener Umgebung gefangen gehalten werden. Dankenswerter Weise wurde jetzt ein neues Buch mit dem Titel „The Animal Dealers: Evidence of Abuse of Animals in the Commercial Trade 1952–1997" veröffentlicht, welches von Menschen handelt, die Tiere aus reiner Profitgier entsetzlich behandeln. Auch bei uns ist die ‚Bestellung' exotischer Tiere via Internet kein größeres Problem. Außerdem verkaufen Tierbörsen häufig exotische Wildtiere (siehe u. a.: www.nabu.de; Zentralverband Zoologischer Fachbetriebe Deutschlands e.V.: www.zzf.de/leitfaden; www.prowildlife.de).

Unsere Betrachtungsweise von Tieren dahingehend zu verändern, dass wir sie nicht länger als bloße ‚Objekte' oder ‚Eigentum', sondern als Subjekte eines eigenen Lebens wahrnehmen, ist ein wichtiger Schritt. Viele Menschen beschäftigen sich mit diesem Problem. Die Organisation ‚In Defense of Animals' hat eigens zu diesem Thema eine Kampagne ins Leben gerufen, und Gary Francione hat das Buch „Animals, Property, and the Law" geschrieben, welches sich hauptsächlich mit Problemen befasst, die sich daraus ergeben, dass Tiere als Eigentum betrachtet werden.

Den Tieren zuhören und ihren Standpunkt einnehmen

Wie können wir als Menschen das Leben anderer Lebewesen verstehen und würdigen, obwohl es sich in einigen Bereichen so sehr von unserer Art zu leben unterscheidet? Die Tiere sprechen nicht die Sprache der Menschen. Der Geruchssinn vieler Tiere ist wesentlich ausgeprägter und sensibler als der unsere, und viele Tiere sehen und hören ganz anders als wir. Einige Tiere können fliegen, andere schwimmen, einige leben an Felsklippen, andere in unterirdischen Gängen oder in dunklen Höhlen.

Im Grunde sind es nur Vermutungen, die wir über das Wesen und die Gefühle anderer Lebewesen anstellen können, aber wenn wir die verschiedenen Tiere aufmerksam beobachten und uns bemühen, ihre je eigene Art zu leben zu verstehen, können wir uns ihrem Wesen und ihren jeweiligen Lebensbedingungen annähern. Wie zutreffend unsere Annahmen sind, zeigt die Tatsache, dass wir in der Lage sind, das Verhalten zahlreicher Tiere in verschiedenen Situationen präzise vorherzusagen. Ich bin sicher, dass mein Hund Jethro einen besseren Geruchssinn hat als ich. Die Nervenzellen in seinem Gehirn sind anders verknüpft, und der Bereich seines

Gehirns, der Gerüche verarbeitet, ist wesentlich weiter entwickelt als beim Menschen. Jethro streckt oft die Nase in den Wind, um die Gerüche anderer Lebewesen zu wittern, und er verbringt viel Zeit damit, den Boden, Büsche und andere Hunde zu beschnüffeln. Seine Nase nimmt ständig Außeneinflüsse wahr, und Jethro verwendet die jeweilige Information, um zu entscheiden, was als Nächstes zu tun ist. Auch Fledermäuse unterscheiden sich ziemlich gravierend vom Menschen. Sie können Ultraschallfrequenzen hören und mit Hilfe dieser Töne zum Beispiel Objekten im Flug ausweichen oder Beute orten. Dass der Mensch nicht in der Lage ist, derartige Töne zu hören, ist kein Indiz dafür, dass diese Frequenzbereiche nicht existieren und die Tiere sich die Töne nur ‚einbilden'. Wir sollten uns stets vor Augen führen, dass andere Lebewesen anders sind als wir und sich auch untereinander zum Teil erheblich unterscheiden. Außerdem sollten wir bedenken, dass jedes einzelne Lebewesen über eine eigene und einzigartige Sicht der Welt verfügt. Tiere haben ihre eigene Art, in ihrer eigenen Welt zu leben, und jedes einzelne Tier ist von Interesse und von Bedeutung.

Wenn Tiere sprechen könnten …

Der berühmte österreichische Philosoph Ludwig Wittgenstein behauptete einst: „Wenn ein Löwe sprechen könnte, wir könnten ihn nicht verstehen." Aber auch wenn Löwen und andere Tiere nicht die Sprache der Menschen sprechen, sprechen sie doch auf ihre eigene Art und Weise miteinander, und wenn wir uns Mühe geben, können wir viel darüber lernen, was sie sagen.

Nur weil die meisten Tiere sich nicht so verhalten wie wir, heißt das nicht, dass sie nicht so ‚gut' sind wie wir. Wir können bei weitem nicht so schnell laufen wie Jagdleoparden, bei weitem nicht so gut sehen wie Falken, nicht schwimmen wie die Delphine oder fliegen wie die Vögel. Stattdessen haben wir viele andere Fähigkeiten, die uns einzigartig menschlich machen: Wir können Autos und Computer bauen, Flugzeuge fliegen und uns über Steuerbescheide ärgern. Statt andere Lebewesen ab- und uns selbst aufzuwerten, sollten wir einfach zur Kenntnis nehmen, dass diese Wesen anders sind als wir und dass das weder ‚gut' noch ‚schlecht' ist. *Tiere sind ganz sicher nicht unbedeutender als Menschen.*

Von der Vermenschlichung der Tiere

Um das Wesen anderer Lebewesen zu beschreiben, müssen wir die uns je eigene Sprache wählen. Wenn wir jemandem die Gefühle eines uns vertrauten Hundes beschreiben wollen, verwenden wir vermutlich die gleichen Worte, mit denen wir auch über uns selbst oder über andere Menschen sprechen würden. Jethro mag sich verhalten, als sei er glücklich oder traurig. Ich jedenfalls würde sein Verhalten so beschreiben, und vermutlich hätte mein Gegenüber aufgrund meiner Beschreibung auch ohne Jethros Anblick eine ziemlich präzise Vorstellung seines Verhaltens. Indem ich sage, dass Jethro glücklich, traurig, wütend, aufgeregt oder vielleicht sogar verliebt ist, rede ich zwangsläufig *anthropomorph*, d. h. ich benutze menschliche Begriffe, um tierliche Gefühle und Empfindungen zu beschreiben. Dennoch kann ich eigentlich nicht sicher sein, ob Jethro wirklich glücklich, traurig, aufgeregt, wütend oder verliebt ist, aber ich habe keine andere Möglichkeit, zu beschreiben, wie sein Verhalten auf mich wirkt. Im Übrigen kann ich auch nicht mit Sicherheit wissen, ob andere Menschen wirklich das empfinden, was sie zu empfinden behaupten, aber es wäre eine furchtbar chaotische und verwirrende Welt, wenn wir uns nicht wenigstens auf unseren gesunden Menschenverstand und ein gewisses Grundvertrauen verlassen würden.

Anthropomorphismus kann nützlich sein, um den Tieren, deren Wesen und Verhalten wir erforschen, näher zu kommen und sie als das anzunehmen, was sie sind. Um ein harmonisches Zusammenleben mit den Tieren zu gewährleisten, müssen wir unbedingt versuchen, ihren jeweiligen Standpunkt und Blickwinkel einzunehmen und Antworten auf die faszinierenden Fragen zu finden, wie und warum Tiere in ihrer eigenen Welt auf ihre je eigene Weise agieren und reagieren. Wir sollten versuchen, uns vorzustellen, wie ihnen ihre Welt erscheint und wie es wohl wäre, eine Fledermaus zu sein und herumzufliegen, mit dem Kopf nach unten hängend zu schlafen und über ein extrem ausgeprägtes Gehör zu verfügen, oder wie es wäre, ein Hund mit ausgeprägtem Geruchssinn und Gehör zu sein. Wie nehmen Gazellen oder Rehe, Wölfe oder Kojoten die Welt wahr? Wir sollten das, was die Tiere uns so selbstlos und großzügig anbieten, auch annehmen und würdigen. Der Tierwelt gebührt unser Respekt.

Wir sollten stets versuchen, uns in die jeweiligen Individuen und ihren je eigenen Blickwinkel hineinzuversetzen, uns stets fragen, wie es wäre, ein bestimmtes Individuum mit der jeweils eigenen Perspektive zu sein, statt die Dinge nur von unserem *anthropozentrischen*, menschenbezogenen Standpunkt zu sehen. Sich anthropomorph zu verhalten, muss jedoch nicht heißen, den Standpunkt der Tiere zu ignorieren. Die Verwendung menschlicher Begriffe zur Beschreibung tierlichen Verhaltens hilft uns zugleich, das Verhalten, die Gedanken und Gefühle von Tieren, mit denen wir bestimmte Erfahrungen machen, besser zu verstehen.

Kapitel 3
Warum alle Lebewesen wertvoll sind, manche sich aber für besonders wertvoll halten

Speziesismus: Die bevorzugte Berücksichtigung von Gruppenmerkmalen anstelle von individuellen Charakteristika bei der Entscheidung, wer überleben soll

Menschen, die aufgrund der Spezieszugehörigkeit eines Lebewesens festlegen, wie andere Lebewesen von Menschen behandelt werden, werden *Speziesisten* genannt. Den Begriff *Speziesismus* (in Anlehnung an Sexismus und Rassismus) prägte der britische Psychologe Richard Ryder. Speziesisten bewerten die Merkmale einer bestimmten Spezies (z. B. der Gattung Mensch) höher als individuelle Charakteristika, wenn sie zum Beispiel Entscheidungen über Leben und Tod treffen müssen. Nicht-Speziesisten nehmen eine derartige Unterscheidung aufgrund der Gattungszugehörigkeit eines Lebewesens nicht vor. Stattdessen berücksichtigen sie *individuelle Merkmale* anderer Lebewesen, um ihre Entscheidung zu treffen.

Wenn praktische Entscheidungen über die Art der Behandlung einzelner Tiere oder Tierarten zu treffen sind, wird Speziesismus häufig auf einen ‚Primatozentrismus', das heißt die Bevorzugung menschlicher und nicht-menschlicher Primaten, oder einen ‚Humanismus', also die ausschließliche Bevorzugung von Mitgliedern der Spezies Mensch, beschränkt. Die Überlegenheit des Menschen ist ein oft genanntes, speziesistisch motiviertes Argument. Die ‚Gattung Mensch' wird als privilegierte und von allen anderen Lebewesen getrennte Spezies betrachtet. Ihre Mitglieder werden als ‚höherstehend' und ‚wertvoller' betrachtet als andere Lebewesen. Einige Menschen glauben, dass nur Menschen und andere Primaten Schmerz empfinden können. Menschen, die einen nicht-speziesistischen Standpunkt einnehmen, erkennen stattdessen, dass Individuen *vieler* anderer Spezies durchaus in der Lage sind, Schmerz, Angst und sowohl körperliches als auch seelisches Leiden zu empfinden, auch wenn die Art der Empfindung von der des Menschen abweichen mag. Auch innerhalb derselben Gattung können sich individuelle Empfindungen und Wahrnehmungen zum Teil erheblich voneinander unterscheiden.

Menschliche Lebewesen benutzen zahlreiche andere Lebewesen in vielerlei Hinsicht: als Lebensmittel, zu Forschungszwecken, zu Erziehungs- und Unterhaltungszwecken und zur Erprobung von kosmetischen, medizinischen und anderen Produkten. Einige Tiere, wie zum Beispiel Hunde, Pferde, Kamele und Delphine, wurden sogar zur Kriegsführung eingesetzt. Oft werden Tiere aus ihren Lebensräumen vertrieben oder getötet, weil Menschen ihre eigenen Bereiche erweitern wollen oder Häuser, Einkaufszentren und Straßen bauen. Präriehunde werden in den USA routinemäßig abgeschlachtet, um die Ausdehnung der Menschheit zu gewährleisten. Der Zweck heiligt offenbar auch in diesem Fall die Mittel, und die Rechtfertigung besteht häufig darin, dass allein Vorteile hervorgehoben werden, die aus der Tiernutzung für den Menschen resultieren. Wir setzen selbstverständlich voraus, dass wir das Recht haben, Tiere zu vertreiben oder zu töten, damit wir mehr Platz und zusätzliche Straßen haben, auf denen wir umherfahren können.

Es gibt viele Möglichkeiten, den Speziesismus zu thematisieren, z. B. die folgenden so genannten ‚Gedanken-Experimente', die in der Literatur verschiedentlich diskutiert worden sind:

In einem kleinen Boot weitab vom Ufer befinden sich vier Menschen und ein Hund. Das Boot droht mit allen fünf ‚Passagieren' an Bord zu sinken. Ein Individuum muss über Bord geworfen und damit dem Tod geweiht werden. Es muss nun entschieden werden, welches der Individuen sterben soll. Die ‚einfachste' Entscheidung wäre, den Hund über Bord zu werfen, weil er ‚nur ein Hund ist', im Unterschied zu den anderen vier Individuen, die sich in ihrem Menschsein gleichen, was jedoch selten wirklich zutrifft. Man könnte argumentieren, dass der Hund nicht so viel zu verlieren hätte wie ein Mensch, weil sein Leben nicht so reich an Erfahrungen und Fähigkeiten ist wie das eines Menschen. Außerdem werde der Hund weniger leiden, weil er nicht weiß, dass er über Bord geworfen wird und nicht antizipieren kann, dass er nach einigen Minuten ertrinken wird. Es gibt Menschen, die so argumentieren. Aber der Hund wird sterben, und der Verlust seines Lebens ist bedauernswert und traurig. Und würde nicht auch der Halter des Hundes unter dem Verlust ‚seines' Hundes leiden? Wie wäre es, wenn drei junge Menschen, ein junger Hund, der sein ganzes Leben noch vor sich hat, und ein 80-jähriger Mann im Boot sitzen würden? Würde diese Konstellation die Entscheidung verändern? Würde man sich entscheiden, den alten Mann zu ‚opfern', weil sein Leben fast beendet ist und er somit weniger zu verlieren hat als die drei jungen Menschen und der junge Hund? Wie wäre es, wenn es der eigene Hund wäre oder wenn einer der vier menschlichen Insassen ein Freund wäre? Was wäre, wenn sich unter den vier Personen ein hirngeschädigter Säugling befände? Und wenn jemand grundsätzlich der Auffassung ist, dass es falsch ist, andere Menschen vorsätzlich zu töten, würde sich die Entscheidung dennoch verändern, wenn ein Mörder mit im Boot säße? Wie wäre es, wenn allen Individuen das gleiche Recht auf Unversehrtheit zukäme?

Nun würden wohl die allermeisten Menschen diese Fragen spontan so beantworten, dass stets der Hund geopfert werden sollte. Versuchen wir zu verstehen, warum dies so ist: Auch wenn die hier beschriebene Situation imaginär ist, liefert sie viele Denkanstöße darüber, wie und auf welcher Grundlage wir Entscheidungen über das Leben anderer Menschen und

Tiere treffen. Wie schwierig die in dem Gedankenexperiment geforderte Entscheidung ist, zeigte sich, als ich dieses Gedanken-Experiment einer der ‚Roots & Shoots' - Gruppen, die ich leitete, vorstellte. Zuletzt wurde die Fragestellung abgelehnt und gefordert, dass niemand über Bord geworfen werden solle, sondern stattdessen nach einer Lösung gesucht werden müsse, die *allen* Individuen das Überleben sicherte.

Menschen rechtfertigen ihre Entscheidungen darüber, welche Tiere für welchen Zweck genutzt werden ‚dürfen', häufig mit der Spezieszugehörigkeit. Wie ich eingangs bereits erwähnte, bezeichnet man es als *Speziesismus*, wenn Menschen in einer solchen Entscheidungssituation der Spezieszugehörigkeit der einzelnen Lebewesen mehr Bedeutung beimessen als den einzigartigen Merkmalen der Individuen. Demnach bilden alle Menschen und nur Menschen eine an sich schützenswerte Gruppe, ohne dass die einzigartigen individuellen Merkmale jedes einzelnen Menschen berücksichtigt werden. So hat zum Beispiel die britische Regierung den Einsatz von Großen Menschenaffen zu Forschungszwecken mit der Begründung verboten, dass diese Tiere aufgrund ihrer besonderen Denkfähigkeit und ihrer kognitiven Kapazitäten eine bessere Behandlung verdienten als andere Tiere, und damit hat sie eine eindeutig speziesistische Entscheidung getroffen. Die kognitiven Fähigkeiten umfassen Selbstbewusstsein, die Fähigkeit des zielgerichteten Handelns, die Kommunikation mittels einer Sprache und die moralische und rationale Urteilsfähigkeit. Einige Philosophen sind der Auffassung, dass auch nicht-menschliche Lebewesen mit derartigen Fähigkeiten ‚Personen' genannt werden sollten.

Speziesisten berufen sich zur Verteidigung ihres Standpunktes häufig auf die biologische Nähe und die Verhaltensähnlichkeiten von Menschen untereinander, wie beispielsweise die ähnliche Erscheinung oder den Besitz verschiedener kognitiver Fähigkeiten bei ‚normalen' (geistig nicht ‚eingeschränkten') erwachsenen Menschen, um die trennende Linie zwischen Menschen und anderen Lebewesen zu ziehen. Die meisten Tiere würden derartige Kriterien nicht erfüllen. Es gibt jedoch auch einige Menschen, die nicht über die genannten Fähigkeiten verfügen, wie zum Beispiel kleine Kinder und geistig behinderte Menschen. Speziesisten, die sich auf kognitive Fähigkeiten als Unterscheidungsmerkmal berufen, hätten in diesem Fall ein Problem. Würden diese Menschen dann als ‚Nicht-Personen' betrachtet?

Aufgrund zum Teil gravierender individueller Unterschiede innerhalb einer Spezies kann sich dieser Blick vom Gipfel – eine menschenbezogene und damit anthropozentrische „Die-gegen-uns"-Perspektive – in der praktischen Umsetzung ausgesprochen schwierig gestalten. Das potentielle Problem, einigen nicht-menschlichen Lebewesen den Personenstatus zuzuweisen, während einigen Menschen dieser Status abgesprochen wird, wird von den meisten Menschen nicht gern erörtert. Fälle, in denen es schwierig ist, zu entscheiden, ob ein Tier eine Person und ob ein Mensch keine Person ist, werden ‚Grenzfälle' (‚marginal cases') genannt. Es gibt ein großes Interesse an diesen Grenzfällen, weil viel auf dem Spiel steht, insbesondere wenn ein Mensch als ‚Nicht-Person' klassifiziert wird, was zur Folge hätte, dass man ihn genauso behandeln dürfte, wie man die Tiere, die nach unserer Auffassung ebenfalls ‚Nicht-Personen' sind, im Allgemeinen zu behandeln pflegt. Wenn beispielsweise die Fähigkeit, Zukunftspläne zu schmieden, zur notwendigen Voraussetzung des Personenstatus deklariert würde, würden auch Menschen, die außer Stande wären, Zukunftspläne zu schmieden, als ‚Nicht-Personen' betrachtet.

Die Geschichte des 20. Jahrhunderts hat gerade – aber nicht nur – in Deutschland gezeigt, wie gefährlich solche Gedanken sein können. Die Diskussion des Personenbegriffs sollte keinesfalls darauf abzielen, Menschen ihre (Menschen-)Rechte abzusprechen, vielmehr sollen die Argumente und Begründungen problematisiert werden, mit denen Tieren ähnliche Rechte verweigert werden.

Evolutionäre Kontinuität

Speziesismus ignoriert ferner die speziesübergreifende evolutionäre Kontinuität, also die Theorie, dass dort, wo wir evolutionäre Kontinuität erkennen, auch Kontinuität der Leidensfähigkeit und des Bewusstseins besteht. Der berühmte englische Biologe Charles Darwin, der 1859 „Über die Entstehung der Arten" schrieb, betonte die evolutionäre Kontinuität hinsichtlich der mentalen Fähigkeiten vieler Tierarten. Darwin argumentierte, dass die Unterschiede mentaler Fähigkeiten, gemessen an einem Kontinuum, nur *graduell* und nicht *artspezifisch* seien. Hier ist ein Beispiel, das verdeutlichen soll, was Darwin meint. Sowohl der Rolls Royce als auch der um einiges günstigere Ford sind Autos. Die Unterschiede zwischen diesen Autos sind graduell, aber in der Art (bei beiden handelt es sich eindeutig um Autos) unterscheiden sie sich deshalb nicht. Rolls Royce und Motorräder hingegen sind unterschiedliche *Arten* von Fahrzeugen. Natürlich sind Tiere *keine* Objekte, aber wir können auch bei Tieren sowohl graduelle als auch artspezifische Unterschiede erkennen und feststellen. So sind zum Beispiel die Unterschiede in den mentalen Fähigkeiten zwischen Wölfen und Schimpansen eher graduell. Das heißt, dass es hinsichtlich der ‚geistigen Auffassungsgabe' von Wölfen und Schimpansen viele Übereinstimmungen und Ähnlichkeiten gibt.

Sprache und Werkzeug

Schon seit langem heißt es, dass es die Sprache sei, die uns von anderen Lebewesen trennt. Als man jedoch herausfand, dass auch Tiere Sprache benutzen, um miteinander zu kommunizieren, konnte die Sprachfähigkeit nicht länger ein glaubwürdiges Kriterium für die Trennung von Mensch und Tier sein. Wenngleich Tiere keine menschliche Sprache zur Kommunikation verwenden, verfügen doch viele Tiere über eine komplexe Sprache, mittels derer sie einander mitteilen, welche Nahrung in der Umgebung zu finden ist, wohin sie gehen wollen, wie sie sich fühlen oder was sie brauchen.

Später waren es die Herstellung und der Gebrauch von Werkzeugen, die die Trennlinie zwischen Menschen und Tieren markieren sollten. Aber nachdem Jane Goodall während ihres Studiums von Schimpansen am Gombe-Fluss in Tansania feststellte, dass David Graybeard und andere Schimpansen durchaus Werkzeuge anfertigten und auch benutzten, war auch der Werkzeuggebrauch nicht länger eine ‚exklusiv menschliche' Fähigkeit. Heute wissen wir, dass nicht nur Schimpansen, sondern auch viele andere Tiere Werkzeug benutzen.

Dennoch versuchen viele Menschen ständig, den Menschen von anderen Lebewesen abzugrenzen. Sie konstruieren und analysieren Aktivitäten, in denen Menschen besser sind als Tiere, um dann anhand dieser Fähigkeiten zu beanspruchen, dass Menschen nicht nur besonders sind, intelligenter und besser als andere Lebewesen, sondern einzigartig. Wir sollten jedoch nicht vergessen, dass Tiere ebenfalls viele Fähigkeiten haben, an denen es Menschen mangelt. Sind Hunde, die einen anderen Hund aus großer Entfernung wittern, oder Fledermäuse, die ihre Beute mittels Ultraschall orten können, insofern besonders, als sie mehr wert wären, als Menschen, die diese Fähigkeiten nicht haben?

Der springende Punkt ist, dass sich alle Lebewesen anpassen müssen an ihr je eigenes Wesen, an das, was sie sind, und daran, wie und wo sie leben. Jede Spezies verfügt vermutlich über spezielle Fähigkeiten, an denen es Mitgliedern anderer Arten mangelt, aber deshalb ist keine Gattung besser oder schlechter als eine andere, und keine Spezies steht über oder unter einer anderen. Es gibt keine Tiere, die Gesetze verfassen und Computer programmieren können, aber ebenso wenig gibt es Menschen, die fliegen können wie die Vögel, die schwimmen können wie die Fische, die so schnell laufen können wie Leoparden oder – gemessen am eigenen Körpergewicht – so große Lasten tragen können wie Ameisen.

Sind Menschen also einzigartig? Natürlich sind sie das,

aber das gilt ebenso für alle anderen Lebewesen. Der wichtigste Punkt, den es zu diskutieren und zu erörtern gilt, konzentriert sich auf die Frage, *welcher Unterschied wirklich einen Unterschied macht.* Welche Unterschiede zwischen Individuen berechtigen zur bevorzugten Nutzung und Ausbeutung bestimmter Lebewesen, während andere verschont bleiben? Wenn jedes Leben respektiert wird, ist es schwer, eine Grenze zu ziehen zwischen den Individuen, die benutzt, verletzt und getötet werden ‚dürfen', und denen, die ‚schützenswert' erscheinen. Vom praktischen Gesichtspunkt ist es insbesondere dann, wenn man es *in bestimmten Fällen* für richtig hält, Tiere zu nutzen, wichtig zu erkennen, dass dies manchmal mit sehr schwierigen Entscheidungen einhergeht.

Wie denken Tiere?

Menschen behaupten oft, dass sie klüger sind als Tiere und dass diese Intelligenzunterschiede eher die Nutzung und Ausbeutung von Tieren rechtfertigen als die Ausbeutung von Menschen. Viele Forscher befassen sich mit der Intelligenz von Tieren, und die Ergebnisse sind hochinteressant. Oft sind die Resultate überraschend und stellen unseren bisherigen Umgang mit bestimmten Tieren nachhaltig in Frage. Es gibt Versuche, die Gattungsunterschiede nachweisen sollten, und deren Ergebnisse lediglich graduelle Unterschiede feststellten.

Forscher, die sich der Intelligenz von Tieren widmen, wollen wissen, wie klug Tiere sind. Denken sie so wie wir? Schmieden sie Pläne für die Zukunft? Versuchen Tiere, sich gegenseitig zu betrügen? Haben Tiere Merkmale von Kultur entwickelt? Forscher, die sich insbesondere in der freien Natur mit derartigen Fragen beschäftigen, nennt man ‚Kognitive Ethologen'. Die ‚Kognitive Ethologie' untersucht das Denken, das Bewusstsein und den Verstand von Tieren.

Intelligenz wird als die Fähigkeit verstanden, mit neuen und unvorhersehbaren Situationen flexibel umzugehen und vorausschauend die Zukunft zu gestalten. Wenn Umweltbedingungen sich verändern und Tiere gezwungen sind, ihr Verhalten den neuen Gegebenheiten anzupassen, oder wenn eine neuartige Lösung gesucht wird, zeigt sich eindeutig, dass die Tiere in vielerlei Hinsicht denken und planen.

Anhand welcher Verhaltensmerkmale ‚erkennt' man die Intelligenz eines Individuums? Tiere gelten im Allgemeinen als klug, wenn sie zum Beispiel Gegenstände zählen können, Unterschiede und Gemeinsamkeiten von Objekten oder Begriffen erkennen, wenn sie auf der Flucht vor Raubtieren geschickte Ausweichmanöver anwenden, versteckte Nahrung finden, Werkzeug herstellen und gebrauchen, einander täuschen oder komplexe Formen der Kommunikation verwenden. Viele verschiedene Tiere zeigen etliche solcher und anderer Fähigkeiten.

Das Studium der Kommunikation von Tieren ist ein hilfreicher Weg, um mehr über ihre Intelligenz und ihre Denkweise zu lernen. Präriehunde und bestimmte Affenarten nutzen beispielsweise unterschiedliche Warnrufe für verschiedenartige Feinde. Con Slobodchikoff von der ‚Northern Arizona University' fand heraus, dass Präriehunde über verschiedene Warnrufe verfügen, die anderen Gruppenmitgliedern anzeigen, ob sich ein Adler, ein Mensch, ein Kojote oder ein Hund nähert. Einige Affenarten benutzen ebenfalls jeweils unterschiedliche Warnsignale, um vor am Boden jagenden Schlangen (Pythons), vor fleischfressenden Säugetieren wie Leoparden und vor in der Luft jagenden Adlern zu warnen und das entsprechende Fluchtverhalten zu aktivieren. Dorothy Cheney und Robert Seyfarth entdeckten im Rahmen ihrer Forschungsarbeit an der ‚University of Pennsylvania', dass unterschiedliche Warnrufe tatsächlich auch dann unterschiedliches Fluchtverhalten hervorrufen, wenn die so gewarnten Artgenossen das Raubtier selbst noch gar nicht gesehen haben. Sie flüchten in die Bäume und klettern in die Baumwipfel, wenn sie einen Leoparden-Warnruf hören, sie fliehen in dichtes Gebüsch, wenn vor einem Adler gewarnt wird, und stellen sich auf die Hinterbeine und suchen den Boden mit den Augen ab, wenn ein Schlangen-Warnruf ertönt.

Alex, ein Afrikanischer Graupapagei, dessen Verhalten Irene Pepperberg an der ‚University of Arizona' studierte, versteht die Begriffe ‚gleich' und ‚verschieden' und kann Fragen über die Anzahl von präsentierten Objekten, ihre Farbe, ihre Form und ihre Anordnung beantworten. Wenn man ihm drei gelbe, ein lilafarbenes und ein rotes Plastikobjekt und dazu ein grünes Holzobjekt präsentiert und ihn fragt, aus welchem Material das grüne Objekt sei, so antwortet er ‚Holz'. Fragt man, wie viele gelbe Objekte vorhanden sind, sagt er ‚drei'. Gewissermaßen beweist die Arbeit mit Alex, dass ein Ausdruck wie ‚Spatzenhirn' oder ‚Papageienhirn' nicht unbedingt einer Beleidigung gleichkommt.

Auch im Bereich der ‚Affensprache' gibt es viele aufregende Forschungsprojekte. Roger und Debbi Fouts haben an der ‚Central Washington University' jahrelang eine Schimpansin namens Washoe beobachtet (‚Washoe' bedeutet in einem amerikanischen Eingeborenendialekt ‚Person'). Washoe beherrscht ebenso wie einige andere Schimpansen die Amerikanische Gebärdensprache (ASL = American Sign Language) und kann sich gut mit dem Ehepaar Fouts und auch mit anderen Schimpansen unterhalten. Die Schimpansen verwenden die erlernte Gebärdensprache zum Teil auch dann, wenn keine Menschen in der Nähe sind und sie mit ‚ihresgleichen' spielen. Kanzi, ein männlicher Bonobo (Pygmäen-Schimpanse), hat gelernt, mittels eines Lexigramms oder Keyboards zu kommunizieren, auf dem zahlreiche Symbole abgebildet sind. Weil Kanzi keine Worte produzieren (nicht sprechen) kann, zeigt er auf das entsprechende Symbol, wenn er etwas will. Wenn man ihm eine Frage stellt, antwortet er, indem er auf ein Symbol zeigt. Kanzi kann Fragen über neuartige Situationen richtig beantworten und kann auch ganze und sogar unsinnige Sätze verstehen, die seine Betreuerin Sue Savage-Rumbaugh äußert. Kanzi versteht Sätze wie „Bring den Müll raus" oder „Lege den Ball in die Mikrowelle".

Was aber bedeutet das? Wie verhalten sich Tiere in der Wildnis? Zeigt sich die Intelligenz von Affen und Vögeln nur bei wohlbehüteten und von Menschen versorgten, in Gefangenschaft lebenden Tieren? Keineswegs. Die Beobachtung von Kanzis freilebenden Verwandten, wilden Bonobos, die in dichten Wäldern leben, zeigte, dass die Tiere sich tagsüber in kleine Gruppen aufteilen und nachts wieder zusammentreffen. Diese Tiere können einander aufspüren und orten, indem sie Zeichen verwenden, die als Symbole für die eingeschlagene Richtung fungieren. Wenn sich zwei Pfade kreuzen, trampeln die Anführer der Gruppe die Vegetation nieder oder legen große Blätter auf die Erde, um nachfolgenden Gruppenmitgliedern die Richtung ihrer Reise anzuzeigen. Derartige Spurmarkierungen werden nur dann hinterlassen, wenn Wege sich trennen oder kreuzen, wenn es also Verwirrung über die von anderen Gruppenmitgliedern eingeschlagene Richtung geben könnte, und nicht etwa an willkürlichen Stellen. Wenn alle Mitglieder einer Gruppe gemeinsam unterwegs sind, werden keine Spurmarkierungen verwendet. Nachdem Sue Savage-Rumbaugh diese Zeichen entschlüsselt hatte, die die Bonobos hinterließen, fand sie am Ende des Tages die Gruppe! Es ist offensichtlich, dass die Bonobos durch die Verwendung derartiger Zeichen miteinander kommunizieren. Können sie Gedanken lesen? Sie scheinen vorherzusehen, was andere Gruppenmitglieder tun werden, wenn sie die in den Spurmarkierungen enthaltenen Informationen erhalten und verarbeiten.

Es gibt darüber hinaus viele Beispiele von Täuschungsmanövern unter Tieren, insbesondere wenn es um Nahrung geht. Die Täuschung kann darin bestehen, dass die Tiere zum Beispiel einen Nahrungsfund vor anderen ‚verheimlichen' oder verstecken, andere Tiere ablenken, indem sie in die falsche Richtung blicken, oder die anderen Gruppenmitglieder von ihrem Fund wegführen. Wenn Rhesusaffen Nahrung finden, behalten sie diesen Fund häufig für sich, ohne andere Affen darüber zu informieren. Wölfe nähern sich oft nur dann zuvor versteckter Nahrung, wenn keine anderen

Tiere in der Nähe sind, nach dem Motto: „Warum teilen, wenn man nicht teilen muss?"

Speziesismus und die Intelligenz von Tieren

Dem Umstand, dass sich das Verhalten von Mitgliedern verschiedener Spezies zum Teil erheblich voneinander unterscheidet, wird innerhalb der Tierschutzdebatte nur wenig Bedeutung beigemessen. Unterschiede im Verhaltensrepertoire verschiedener Lebewesen sind eher die Regel als die Ausnahme, aber wir sollten diese Unterschiede nicht als ‚gut' oder ‚schlecht' bewerten oder dazu verwenden, bestimmte Lebewesen auf einer ‚Lebensskala' ‚höher' oder ‚niedriger' einzustufen als andere.

Wie verhält es sich mit der Intelligenz von Tieren und dem Speziesismus? Sind Schimpansen klüger als beispielsweise Mäuse oder Hunde? Wenn wir dies glauben, müssen wir uns klar über die Hintergründe und Konsequenzen unserer Haltung sein. Wir müssen uns klar darüber sein, was wir meinen, wenn wir behaupten, dass das soziale Leben von Schimpansen komplexer sei als das von Mäusen oder Hunden oder dass Schimpansen komplexere und schwierigere Probleme lösen und flexibler auf veränderte Umweltbedingungen reagieren können als viele andere Tiere – dass sie ihr Verhalten also den verschiedensten Bedingungen anpassen können, um zu überleben. Es ist wichtig, daran zu erinnern, dass Mäuse, Schimpansen und viele andere Tiere sich ohne unseren Einfluss in ihrer jeweiligen Welt vermutlich wohler fühlen als in jeder anderen. Obwohl viele Menschen, wenn sie wählen *müssten*, wahrscheinlich weniger Skrupel hätten, eine Maus zu verletzen oder sogar zu töten als zum Beispiel einen Schimpansen, sollte ihre Entscheidung nicht einfach möglichst bequem entlang der Speziesgrenze verlaufen.

‚Klug' und ‚intelligent' sind Worte, die oft missbraucht werden: Hunde tun gewissermaßen nur, was sie tun müssen, um Hunde zu sein. Sie sind ‚hunde-klug' auf ihre eigene Weise. Und ebenso tun Affen, was sie tun müssen, um eben Affen zu sein. Sie sind ‚affen-klug' auf ihre eigene Art. Keines dieser Tiere ist notwendigerweise intelligenter als das andere. Die Missverständnisse und der Missbrauch im Nachweis und der Bewertung von Intelligenz und Klugheit können beachtliche und ernste Konsequenzen für Tiere haben, insbesondere dann, wenn sie als dumm oder unempfindlich gegenüber Schmerz und Leid wahrgenommen werden.

Das Heranziehen von Verhaltensmustern, die für eine bestimmte Spezies typisch sind, ist insbesondere dann schwierig, wenn diese Verhaltensmerkmale als Grundlage dienen, um moralische Grenzen entlang der Spezieslinie zu ziehen. Wahrscheinlich müsste man in einigen Fällen eher eine Maus verschonen als einen Schimpansen, z. B. wenn eine bestimmte Versuchsdurchführung für einen Schimpansen harmlos wäre, einer Maus aber Schmerzen bereiten würde. Wie ich bereits erwähnte, können derartige Gedanken-Experimente helfen, schwierige Sachverhalte von Fall zu Fall zu entscheiden, anstatt zu fordern, dass das Leben eines Schimpansen *unter allen Umständen* schützenswerter ist als das Leben einer Maus.

Ein Großteil der Tiernutzung basiert eher auf den Ähnlichkeiten als auf den Unterschieden zwischen uns, den Menschen, und ihnen, den Tieren. Wenn ‚sie', die benutzt werden, ‚uns' in so vielem so sehr ähneln, bedarf es künftig noch einiger Erklärungsarbeit, um bestimmte gängige Praktiken an diesen Tieren zu rechtfertigen. Wie kommt es, dass einige Menschen der experimentellen Forschung an Tieren zustimmen, sich aber gleichzeitig weigern würden, Menschen zu diesem Zweck ‚einzusetzen'? Wenn Tiere sich in vielerlei Hinsicht so sehr von uns unterscheiden, werden die Ergebnisse nur schwer auf den Menschen übertragbar sein. In jedem Fall sind Menschen einander weitaus ähnlicher als anderen Tieren, und es ist durchaus ein kritischer Kompromiss, dass wir eher Tiere als Menschen zu Forschungszwecken benutzen, deren Ergebnisse ausschließlich den Menschen selbst zugute kommen und noch nicht einmal zweifelsfrei vom Tier auf den Menschen übertragbar sind.

Wie kommen die verschiedenen Einstellungen von Menschen anderen Tieren gegenüber zustande? Diese Frage ist schwer zu beantworten, aber es gibt ein paar oft genannte Gründe. Zum einen gibt es Menschen, die glauben, dass Menschen besondere Tiere sind, die über allen anderen Lebewesen stehen, weil nur Menschen rationale Wesen sind, also vernünftig denken können, und nach dem Ebenbild Gottes geschaffen sind. Es ist durchaus richtig, zu sagen, dass Menschen einzigartige Wesen sind, so wie alle Lebewesen in mancher Hinsicht einzigartig sind, sogar eineiige Zwillinge. Andere Menschen maßen sich jedoch aufgrund ihrer ‚Einzigartigkeit' an, zu glauben, dass Tiere dazu da seien, vom Menschen dominiert und kontrolliert zu werden. Sie glauben, dass Menschen das Recht hätten, Tiere zu beliebigen Zwecken zu nutzen, solange es den Menschen dient. In den Augen dieser Menschen heiligt der Zweck (der Nutzen und Vorteil der Menschen) die Kosten und Mittel (den Gebrauch und Missbrauch von Tieren). All diesen Ansichten liegt der Glaube zugrunde, dass Menschen per se die ‚besseren' Lebewesen und damit den Tieren ‚überlegen' sind. Meiner Meinung nach ist es trotz zahlreicher Unterschiede zwischen Menschen und Tieren offensichtlich, dass ‚wir' in vielerlei Hinsicht sind wie ‚sie' und dass ‚sie' in mancherlei Hinsicht sind wie ‚wir'.

Das ‚*Great Ape Project*': Rechte für Große Menschenaffen

1993 erschien ein von Cavalieri und Singer herausgegebenes Buch mit dem Titel „Menschenrechte für die Großen Menschenaffen", in dem die Ergebnisse und Forderungen des *Great Ape Projects* (GAP) vorgestellt wurden (siehe: www.greatapeproject.org/international/german). Ich war Mitwirkender an diesem Projekt und habe die Hauptziele vehement unterstützt, nämlich die Aufnahme der Großen Menschenaffen in die *Gemeinschaft der Gleichen*, innerhalb derer die folgenden elementaren moralischen Rechte, die auch gerichtlich einklagbar sind, garantiert werden: (1) das Recht auf Leben, (2) der Schutz der individuellen Freiheit, (3) das Verbot der Folter. Im Rahmen des *Great Ape Project* bedeutet ‚Gleichheit' nicht Artengleichheit, sondern gleiche moralische Berücksichtigung.

Einige Menschen finden sogar, dass die Forderungen des *Great Ape Projects* nicht weitreichend genug sind, da die Konzentration auf Große Menschenaffen andere Tiere nicht berücksichtigt und somit ebenfalls speziesistisch ist. Ich stimme dem zu. Aber ich weiß auch, dass das *Great Ape Project* irgendwo anfangen muss, und dass es vermutlich ein guter Anfang war, mit den Tieren zu beginnen, deren Ähnlichkeit mit dem Menschen nur schwer ignoriert werden kann und die deshalb den geringsten Widerstand erzeugen würden. Während einige Menschen gewillt sein mögen, den Großen Menschenaffen bestimmte Rechte zu garantieren, würden sie Hunden, Katzen, Vögeln, Mäusen oder anderen Nagetieren (viele von ihnen werden in der Forschung verwendet), Fischen, Krokodilen, Hummern oder Ameisen keine derartigen Rechte einräumen.

Über die Affen hinausgehend: Das *‚Great Ape / Animal Project'*

Als ich das erste Mal am *Great Ape Project* mitwirkte, hatte ich den Wunsch, alle Lebewesen in dieses Projekt einzubeziehen und das GAP zum *Great Animal Project* zu erweitern, um so die Mitgliedschaft auf alle Tiere auszudehnen. Dieses Projekt ginge dann davon aus, dass alle Individuen das Recht haben, in die Gemeinschaft der Gleichen aufgenommen zu werden, *weil jedes Leben wertvoll ist und respektiert werden sollte.*

Es ist wichtig, eine größere Anzahl von Arten in die Tierschutz- und Tierrechtsdebatte einzubeziehen. Indem wir mehr über die Tiere, mit denen wir diesen Planeten teilen, lernen und verstehen, werden wir das Leben an sich mehr respektieren und schätzen lernen, als wir es gegenwärtig tun. Wir müssen das Verhalten von Tieren studieren, um zu lernen, wie sie in ihrer je eigenen Welt leben und wie sie Schmerz und Leid empfinden, wenn wir sie (be-)nutzen.

Kapitel 4
Empfinden andere Lebewesen Schmerz, Angst und Leid?

Eine der elementarsten Fragen bezieht sich auf die Schmerz- und Leidensfähigkeit von Tieren. Schmerz ist eine unliebsame Empfindung, die Lebewesen vor körperlicher Verletzung oder drohender Gefahr bewahren soll. Wenn ein Tier beispielsweise von einem anderen Tier schwer verletzt wurde, wird es künftig die Nähe dieser Art von Tieren meiden, so, dass der Schmerz langfristig das Überleben sichert. Um Schmerz empfinden zu können, muss ein Individuum zumindest über ein einfaches Nervensystem verfügen. Es besteht kein Zweifel daran, dass viele Tiere Schmerz empfinden und leidensfähig sind. Tierärzte haben ein ‚Anti-Schmerz-Pflaster' für Hunde entwickelt, die einen chirurgischen Eingriff hinter sich haben. Wenn sie nicht wüssten, dass ein Hund Schmerz empfindet und leidet, wäre es unnötig, ein solches Anti-Schmerz-Pflaster zu entwickeln. Und wahrscheinlich hat jeder von uns schon einmal einen Hund aufschreien hören, wenn er zum Beispiel auf einen Nagel getreten ist, seinen Schwanz in einer Tür eingeklemmt hat oder heftig gebissen wurde. Ich halte es für einen wichtigen Schritt in die richtige Richtung, dass die University of Tennessee College of Veterinary Medicine jüngst das ‚Center for the Management of Animal Pain' gegründet hat, um Methoden zur Vermeidung oder Linderung der Schmerzen von Tieren zu entwickeln.

Während offensichtliche Unterschiede im Verhalten von Individuen verschiedener Spezies existieren, gibt es jedoch auch Verhaltensunterschiede zwischen Mitgliedern derselben Spezies, so dass die Verschiedenheit von Verhaltensmustern wenig darüber aussagt, wie sehr ein bestimmtes Tier leidet. Viele Tiere empfinden Schmerz, Angst und Leid sowohl körperlich als auch psychisch, wenn sie in Gefangenschaft gehalten oder Hunger, sozialer Isolation, Einschränkungen der körperlichen Bewegungsfreiheit oder schmerzhaften Situationen ausgesetzt werden, denen sie nicht entfliehen können. Selbst wenn es nicht die gleiche Art von Angst, Schmerz oder Leid wäre, die wir Menschen oder auch andere Lebewesen, einschließlich mancher Mitglieder der eigenen Spezies, empfinden, so muss doch die individuelle Schmerz-, Angst- oder Leidensempfindung zählen.

Im täglichen Leben ist die Erfahrung von Schmerz unvermeidbar. Der Schmerz erfüllt viele nützliche Funktionen und trägt zum Überleben eines Individuums bei. Aus biologischer Sicht ist Schmerz eine lebenswichtige Information. Menschen und Tiere, deren Schmerzempfindung aufgrund eines Unfalls, eines Geburtsfehlers oder einer Krankheit eingeschränkt oder sogar verloren ist, haben tendenziell eine geringere Lebenserwartung.

Während Forscher noch immer darüber streiten, welche Tiere Schmerz empfinden, gibt es mittlerweile zahlreiche Beweise dafür, dass viele Tiere, denen das Schmerzempfinden bisher abgesprochen wurde, wie zum Beispiel Fische, sehr wohl Schmerz empfinden. Fische haben Nervensysteme, die bei anderen Tieren für die Fähigkeit der Schmerzempfindung verantwortlich gemacht werden. Fische reagieren auf schmerzhafte Behandlung in ähnlicher Weise wie andere Lebewesen, einschließlich des Menschen. Sogar einige wirbellose Tiere, wie z. B. Insekten, scheinen Schmerz zu empfinden und verfügen über Nervenzellen, die in ähnlicher Weise mit der Schmerzempfindung gekoppelt sind, wie dies bei Wirbeltieren und Menschen der Fall ist. Ob manche Insekten wirklich Schmerz empfinden, können wir nicht mit letzter Sicherheit wissen, aber weil einiges dafür spricht, halten viele Menschen sie im Zweifelsfall für schützenswert. Menschen sollten davon ausgehen, dass Tiere Schmerz empfinden, und sie entsprechend behandeln. Tintenfische, die über ein großes Zentralnervensystem und ein komplexes Verhaltensrepertoire verfügen, wurden in England wie auch in der Schweiz aufgrund der bestehenden Zweifel für schützenswert erklärt. Seit 1993 stehen sie unter dem Schutz des ‚Animal (Scientific Procedures) Act of 1986', der die Nutzung von Tieren zu Forschungszwecken regelt. Über das deutsche Tierschutzgesetz informiert u. a.: www.verbraucherministerium.de/tierschutz/gesetz.

Während wir alle, ebenso wie viele Tiere, versuchen, schmerzhafte Situationen zu meiden, sind bestimmte Schmerzen eines Individuums unvermeidbar und hilfreich, wie zum Beispiel der Schmerz, der von einer Injektion ausgeht, durch die eine bestimmte Krankheit geheilt oder verhindert werden kann.

Der französische Philosoph René Descartes (1596–1650) glaubte, dass Tiere seelenlose Maschinen seien und dass sie weder denken noch Schmerz oder Freude empfinden könnten. Er irrte sich gewaltig. Dennoch gibt es auch heute noch Menschen, die nicht glauben, dass Tiere, selbst unsere nächsten Verwandten, die Großen Menschenaffen, Schmerz empfinden können. Andere Menschen sind eher bereit, solchen Tieren Schmerzempfinden zu bescheinigen, die uns möglichst ähnlich sehen oder sich ähnlich verhalten. Haustieren, mit denen wir familiär umgehen, von Kanarienvögeln und Wellensittichen bis zu Hunden, Katzen, Pferden und vielleicht auch einigen Wildtieren wie Rehen oder Waschbären schreiben wir vermutlich ebenso die Fähigkeit zu, Schmerz und Leid zu empfinden.

Schmerz bei Menschen und Tieren

Ein Hauptproblem bei dem Versuch, herauszufinden, welche Tiere Schmerz empfinden und welche vielleicht nicht, besteht darin, dass viele Tiere Schmerz nicht in gleicher Weise empfinden wie Menschen. Wir wissen nicht, ob Hummer, die von manchen Menschen lebendig in kochendes Wasser geworfen werden, oder andere Tiere, die wir gewohnheitsmäßig missbrauchen, Schmerz auf ihre eigene Art empfinden, auch wenn sie den Schmerz nicht so äußern wie wir.

Es mag Tiere geben, die in einigen Bereichen über eine größere ‚Toleranz' verfügen, in anderen Zusammenhängen aber empfindlicher sind als andere. Nur weil die Tiere sich von uns unterscheiden und Schmerz zum Teil anders ausdrücken und verarbeiten, heißt das nicht, dass sie keinen Schmerz empfinden würden. Wir können die Speziesunterschiede nicht wegdiskutieren, aber es ist falsch, vorauszusetzen, dass Hunde, Katzen, Vögel, Fische, Ameisen und Hummer sich in schmerzvollen Situationen genauso verhalten wie Menschen. Wir tun vieles auf andere Weise, als Tiere es tun, und es gibt keinen Grund zu der Annahme, dass alle Lebewesen Schmerz in gleicher Weise wahrnehmen und verarbeiten müssten. Verschiedene Arten von Tieren unterscheiden sich in vielerlei Hinsicht, so zum Teil auch in der Wahrnehmung und Verarbeitung von Schmerz. Wir sollten nicht uns selbst zum allgemeingültigen Maßstab für alle anderen Spezies machen.

Kapitel 5
Verfügen Tiere über Bewusstsein?

Viele Menschen möchten wissen, ob Tiere über Bewusstsein verfügen: Sind sie sich ihrer Lebensumstände und ihrer Sinneseindrücke gewahr und bewusst? Um diese Frage angemessen zu beantworten, muss zunächst geklärt werden, was mit ‚Bewusstsein' genau gemeint ist. Beschränkt man den Begriff des Bewusstseins zunächst auf die Fähigkeit der bewussten Wahrnehmung der Umwelt und der Lebensumstände eines Lebewesens, verfügen etliche Tiere über Bewusstsein, was jedoch nicht heißt, dass sie *ständig* über ihre Welt und ihr Tun reflektieren würden. Sowohl im Tierreich als auch innerhalb der Spezies Mensch gibt es zahlreiche Situationen und Handlungen, die gewissermaßen unbewusst und ritualisiert erlebt oder vollzogen werden.

Es gibt verschiedene Bewusstseinsgrade. Zusätzlich zum wahrnehmenden Bewusstsein existiert ein höherer Bewusstseinsgrad, der als Selbst-Bewusstsein bezeichnet wird, womit die Fähigkeit zur Selbsterkenntnis und Wahrnehmung der eigenen Position in der Welt gemeint ist. So weiß ich beispielsweise, solange mein Gehirn normal funktioniert, dass ich Marc Bekoff bin, und ich kann ziemlich sicher sein, dass es keine weiteren Marc Bekoffs gibt, die mir mit all meinen gesammelten Erfahrungen gleichen. Wenn mir etwas Angenehmes oder Unangenehmes passiert, bin ich mir bewusst, dass es mir passiert. Es wäre ebenfalls denkbar, dass ich keine Kenntnis meines Wesens hätte, aber trotzdem wahrnehmen kann, was mit meinem Körper geschieht. Wenn ich einen Schlag auf den Kopf kriege, könnte es sein, dass ich meinen Namen vergesse oder nicht weiß, wer ich bin, aber ich würde trotzdem den Schmerz fühlen, der durch den Schlag verursacht wurde. Es wäre falsch, mich nur deshalb leiden zu lassen, weil ich meinen Namen nicht kenne. Es besteht wenig Zweifel daran, dass die meisten Tiere es trotz fehlenden

‚Selbst-Bewusstseins' sehr wohl spüren, wenn ihnen körperlicher Schmerz widerfährt.

Die Tatsache, dass manche Tiere nicht wissen, *wer* oder *was* sie sind, hat keinen maßgeblichen Einfluss auf ihre Schmerz- und Leidensfähigkeit. Wir können letztlich nicht mit Sicherheit sagen, ob andere Lebewesen wissen, wer sie sind, aber einige Tiere, insbesondere Schimpansen und andere Affen, sind beispielsweise in der Lage, sich selbst im Spiegel zu erkennen, und benutzen den Spiegel, um Körperstellen zu reinigen, die sie ohne Spiegel nicht sehen können. Manche Tiere betrachten sich im Spiegel und versuchen, einen Fleck von ihrer Stirn zu entfernen, der zuvor ohne ihr Wissen während eines Eingriffs hinterlassen wurde. Dieses selbstgerichtete Verhalten suggeriert, dass diese Tiere ein eigenes ‚Körperbewusstsein' zu haben scheinen. Zur Zeit wissen wir nicht genau, welche Tiere ihrer selbst gewahr sind und welche nicht. Für manche Menschen besteht jedoch trotz mangelnder Beweise kein Zweifel daran, dass zumindest einige Tiere, wie z. B. Gorillas oder Hunde, die uns nahe stehen oder mit uns im Familienverband leben, ganz offensichtlich über Selbst-Bewusstsein verfügen.

Wenn wir unsere Aufmerksamkeit auf einige elementare und anerkannte biologische Anschauungen richten, so ist es unmöglich, die Ansicht zu rechtfertigen, dass wir die einzige Spezies seien, deren Mitglieder über Selbst-Bewusstsein verfügen. Wie bereits erwähnt, zeigte Charles Darwin, dass es zahlreiche Verbindungen zwischen verschiedenen Tieren gibt und dass die Evolution einer *Kontinuität* unterliegt. Auch wenn wir uns zum Teil gravierend von z. B. Hunden oder Katzen unterscheiden, gibt es keinen Grund, anzunehmen, dass Hunde, Katzen und viele andere Tiere nicht auf ihre eigene Art denken, dass sie ihrer selbst nicht bewusst und nicht auf ihre Weise Schmerz und Leid zu empfinden in der Lage sind.

Empfindungsvermögen: Bewusste Gefühle von Freude und Leid

Mit *Empfindungsvermögen* von Lebewesen ist die bewusste Wahrnehmung von Freude und Leid gemeint. Wie ich eingangs bereits betonte, müssen wir im Umgang mit Tieren versuchen, ihren Blickwinkel und ihre je eigene Welt zu verstehen und zu berücksichtigen. Wie wäre es, ein Gorilla, ein Hund, eine Fledermaus, ein Vogel oder eine Ameise zu sein?

Die je eigenen Welten all dieser Tiere sind nicht weniger bedeutsam als unsere ‚Wahrnehmungswelten', und es ist wichtig, ihren je eigener Schmerz und ihr je eigenes Leid anzuerkennen. Wir müssen die Schmerz- und Leidensfähigkeit von Tieren in der je eigenen Ausprägung anerkennen. Das Empfindungsvermögen von Tieren verdient unsere besondere Aufmerksamkeit und Berücksichtigung, wenn wir Entscheidungen darüber treffen, wie wir mit Tieren umgehen.

Die Gefühle von Tieren

> *Elefanten zeigen ein außergewöhnliches Sozialverhalten. Diese Tiere haben verschiedene Rituale im Umgang mit bestimmten Situationen entwickelt, wie z. B. bei der kollektiven Begrüßung anderer Gruppen- oder Familienmitglieder, bei der Geburt eines neuen Familienmitgliedes, beim gemeinsamen Spiel, beim Knüpfen von Partnerschaften, bei der Rettung von Familienmitgliedern oder der Ankunft eines Leitbullen. Wer einmal Zeuge dieser Rituale wurde, hat keinen Zweifel mehr daran, dass diese Tiere über sehr starke Emotionen verfügen, die am besten mit Worten wie Freude, Glück, Liebe, Freundschaft, Mitgefühl, Genuss, Überschwänglichkeit, Vergnügen, Trost und Respekt beschrieben werden können.* (Joyce Poole: „An exploration of a communality between ourselves and elephants")

Graugänse, die ihren Partner verloren haben, zeigen alle Symptome, die John Bowlby in seiner berühmten Arbeit ‚Infant Grief' (kindliche Trauer) an kleinen Menschenkindern beobachtet und beschrieben hat … die Augen sinken tief in die Augenhöhlen zurück, das ganze Individuum wirkt schlaff, es lässt im buchstäblichen Sinne ‚den Kopf hängen'. (Konrad Lorenz: „Hier bin ich – wo bist Du?")

Elefanten, Schimpansen, Gänse und viele andere Tiere scheinen Angst, Freude, Vergnügen, Scham, Verlegenheit, Empörung, Eifersucht, Wut, Begeisterung, Liebe, Mitgefühl, Traurigkeit, Verzweiflung und Kummer zu empfinden. Einige scheinen in Ansätzen sogar Humor zu haben. Die Gefühle und Empfindungen von Tieren sind leicht zu erkennen, wenn man ihre Gesichter und den Ausdruck darin betrachtet, ihnen in die Augen sieht und die Art ihrer Bewegungen aufmerksam wahrnimmt. Selbst wenn verschiedene Menschen, die keine oder wenig Erfahrung im Umgang mit Tieren haben, Tiere intensiv beobachten, interpretieren sie die Empfindungen eines bestimmten Tieres für gewöhnlich in ähnlicher Weise. Viele Vermutungen über die Gefühlszustände von Tieren bestätigen sich, wenn man die wahrgenommenen Empfindungen eines bestimmten Tieres dazu benutzt, dessen zukünftiges Verhalten möglichst genau vorherzusagen. Der Umstand, dass Tiere in der Lage sind, zahlreichen Stimmungen auf unterschiedlichste Weise Ausdruck zu verleihen, wirft viele herausfordernde Fragen über die Komplexität und Intensität ihres Gefühlslebens auf. Am Beispiel von Kummer und Freude möchte ich die Gefühle von Tieren näher betrachten.

Manche Tiere sind ganz offensichtlich zutiefst bekümmert, wenn ein guter Freund oder Partner verschwindet oder stirbt. Jane Goodall beschreibt in ihrem Buch „Through a window" das Verhalten eines Schimpansen nach dem Tod seiner Mutter:

„Ich werde nie Flints Anblick nach dem Tod seiner Mutter vergessen. Er kletterte langsam auf einen hohen Baum nahe des Flusses. Dann lief er auf einem der Äste entlang, blieb regungslos stehen und sah hinunter in das leere Nest. Nach etwa zwei Minuten drehte er sich um und kletterte langsam, wie ein alter Mann, wieder hinunter. Dann ging er einige Schritte, legte sich hin und starrte mit weit aufgerissenen Augen ins Leere. Das Nest hatte er kurz vor Flos Tod mit ihr gemeinsam bewohnt. In Gegenwart seines großen Bruders Figan sah es zunächst aus, als ginge es Flint etwas besser, bis er jedoch plötzlich die Gruppe verließ und zurück zu dem Platz lief, wo Flo gestorben war. Dort verfiel er in tiefe Depressionen. Flint wurde zunehmend lethargisch, verweigerte die Nahrung und wurde aufgrund seines geschwächten Immunsystems schließlich krank. Das letzte Mal sah ich ihn lebend im Gebüsch, nahe der Stelle, an der Flo gestorben war. Seine Augen waren eingefallen, er war abgemagert und wirkte zutiefst deprimiert. Sein letzter kurzer Weg führte zu dem Platz, wo Flos Körper gelegen hatte. Er pausierte nach jedem Schritt. Am Ziel angekommen, verweilte er dort für mehrere Stunden, starrte ins Wasser, ging dann etwas weiter, legte sich einfach hin und bewegte sich nicht mehr."

Andere Beispiele berichten von Seelöwenmüttern, die mitleiderregend heulten, wenn sie mit ansehen mussten, wie ihr Baby von einem Killerwal gefressen wurde. Delphine wurden dabei beobachtet, wie sie versuchten, ihr totes Kind zu retten, und anschließend den Verlust betrauerten. Elefanten halten tagelang Wache über ein totgeborenes Baby, bevor sie dann mit gesenkten Köpfen weitergehen. Joyce Poole, die seit fast zwanzig Jahren das Leben wildlebender Elefanten studiert, hat erstaunliche Ausprägungen von Depressionen und Kummer bei verwaisten Elefanten beobachtet. Viele der Tiere, die mit ansehen mussten, wie ihre Mütter getötet wurden, wachen nachts oft schreiend auf.

Aber ebenso zeigen Tiere auch positive Emotionen der Freude und des Vergnügens, wenn sie miteinander spielen, Freunde begrüßen, einander kraulen oder wenn sie aus einem Käfig befreit wurden, und offenbar sogar dann, wenn sie anderen beim Spielen zusehen. Freude ist ansteckend. Tiere zeigen uns durch ihr Verhalten, ob sie glücklich sind. Sie wirken entspannt, bewegen sich schlendernd, sie lächeln und ‚lassen sich treiben'. Sie sprechen ihre eigene Sprache, sie schnurren, bellen oder quieken vor Zufriedenheit. Delphine kichern, wenn sie glücklich sind. Begrüßungszeremonien bei afrikanischen Wildhunden gehen mit lautem Geschrei, wildem ‚Gehüpfe' und propellerartigem Schwanzwedeln einher. Wenn Kojoten oder Wölfe sich nach längerer Trennung wiedertreffen, rennen sie winselnd, schwanzwedelnd und lächelnd aufeinander zu. Zur Begrüßung lecken sie einander die Schnauzen, schlagen Purzelbäume und springen aufgeregt umher. Sie sind ohne Zweifel glücklich. Elefanten verleihen ihrer Freude dadurch Ausdruck, dass sie mit den Ohren schlagen, sich herumdrehen und ein ‚Begrüßungsgepolter' veranstalten.

Unbändige Freude entfalten viele Tiere beim Spielen. Sie sind oft dermaßen in ein Spiel vertieft, dass ihre Freude daran unübersehbar ist. Sie drücken ihr Vergnügen durch akrobatische Bewegungen, durch fröhliche Laute und durch Lächeln aus. Im Spiel entsteht ein Gefühl grenzenloser Freiheit. Veilchenschwalben schwingen sich zum Spaß empor, verfolgen einander und ringen im Gras miteinander. Im Rocky Mountain National Park sah ich einen jungen Elch über ein Schneefeld laufen. Er sprang dabei mehrfach in die Luft und drehte sich im Flug, hielt dann inne, verschnaufte einen Moment, und das Spiel begann erneut. Büffel wurden dabei beobachtet, wie sie mehrmals aufgeregt unter lautem Freudengeheul über eine Eisfläche schlidderten.

Je mehr wir über die faszinierenden Gefühlswelten von Tieren lernen, umso mehr werden wir uns den Tieren öffnen. Es wäre beschränkt, zu glauben, dass Menschen die einzigen Lebewesen sind, die die Fähigkeit entwickelt haben, tiefe Gefühle zu erleben.

Kapitel 6
Tierrechte und Tierschutz

Was aber bedeutet unser Wissen um die Leidensfähigkeit von Tieren für unseren Umgang mit ihnen? Wenn Tiere Schmerz empfinden und leiden können, müssen wir sorgsam darauf bedacht sein, ihnen keinen unnötigen Schmerz und kein unnötiges Leid zuzufügen. Während einige Menschen es für legitim halten, Tieren zum Beispiel im Rahmen der Forschung Schmerz und Leid zuzufügen, solange die Ergebnisse dem Menschen nützen, gibt es andere, die sich auch dann gegen derartige Praktiken aussprechen, wenn die Menschen von dieser Forschung profitieren würden.

Menschen, die davon überzeugt sind, dass es falsch ist, Tieren Schmerz und Leid zuzufügen, Tiere zu essen, sie in Gefangenschaft zu halten oder sie zu Forschungszwecken zu quälen, werden *Tierrechtler* genannt. Diese Menschen glauben, dass Tiere bestimmte moralische und gesetzlich garantierbare Rechte haben, zu denen auch das Recht auf Unversehrtheit und Leidensfreiheit gehört. Jene Menschen, die glauben, dass es uns erlaubt ist, Tieren Schmerz zuzufügen, wenn wir darauf achten, ihnen keine zu heftigen oder unnötigen Schmerzen zu bereiten, argumentieren, dass es ausreicht, wenn wir den *Schutz* oder das *Wohlergehen* der Tiere berücksichtigen. Menschen, die diese Position vertreten, nennt man demnach *Tierschützer*. Während sich Vertreter beider Positionen in der Praxis oft einig sind, habe ich hier die Differenzen hervorgehoben, um besser zeigen zu können, worin sich die Ansätze grundsätzlich unterscheiden.

Viele Menschen unterstützen die ‚Tierrechtsposition'. Nach Auffassung des Anwalts und Verfechters der Tierrechte, Gary Francione, bedeutet die Aussage, ein Tier habe ein ‚Recht' auf ein geschütztes Interesse, dass das Tier auch dann eine Berechtigung oder einen Anspruch auf den Schutz seines Interesses hat, wenn wir davon profitieren würden, diesen Schutz nicht zu gewähren. Menschen haben demnach also gewissermaßen die Verpflichtung, diesen Anspruch für andere ‚sprachlose' Lebewesen zu erfüllen, ähnlich wie man bei Kindern oder bei solchen Menschen verfährt, die ihre eigenen Interessen und Rechte nicht selbst vertreten können. Wenn wir davon ausgehen, dass zum Beispiel ein Hund das Recht hat, gefüttert zu werden, haben wir die Verpflichtung, sicherzustellen, dass er gefüttert wird, und wir sind darüber hinaus verpflichtet, nichts zu tun, was seine Fütterung verhindern könnte.

Tom Regan, Professor der Philosophie an der North Carolina State University, wird oft als ‚der moderne Vater der Tierrechte' bezeichnet. Sein 1983 erschienenes Buch „The Case for Animal Rights" (eine deutsche Übersetzung soll in Kürze im Harald Fischer Verlag erscheinen) erregte große Aufmerksamkeit. Befürworter der Tierrechte betonen, dass das Leben von Tieren an und in sich wertvoll ist, dass heißt, dass Tiere nicht erst dann einen Wert ‚erhalten', wenn sie unseren Zwecken dienen oder sich in ähnlicher Weise verhalten oder aussehen wie wir. Tiere sind kein Eigentum und keine ‚Gegenstände', sondern lebendige Wesen, Subjekte eines Lebens, die unseres Respekts, unseres Mitgefühls, unserer Freundschaft und unseres Schutzes würdig sind. Tierrechtler erweitern die Grenzen der Tiere, denen wir bestimmte Rechte bewilligen. Tiere sind nicht ‚wertloser' oder ‚minderwertiger' als Menschen. Sie sind kein Eigentum, das beherrscht oder misshandelt werden kann. Jeglicher Schmerz und Tod von Tieren ist demnach unnötig und inakzeptabel.

Viele Menschen glauben, dass der *‚Tierrechts-Standpunkt'* dem *‚Tierschutz-Standpunkt'* gleicht. Diese Vermutung ist falsch, wie Gary Francione in seinem Buch "Rain Without Thunder: The Ideology of the Animal Rights Movement" darlegt. Die meisten *Tierschützer* erkennen nicht an, dass Tiere Rechte haben. Einige von ihnen glauben auch nicht, dass Menschen im Umgang mit Tieren Rechte haben. Sie glauben vielmehr, dass wir uns, solange wir bemüht sind, das Leben von Tieren komfortabel zu gestalten, in ausreichender Weise um die Tiere und ihren Schutz kümmern. Sie befassen sich eher mit den qualitativen Lebensbedingungen von Tieren, aber sie glauben nicht, dass das Leben der Tiere an und für sich wertvoll ist, dass also die bloße Tatsache, dass Tiere am Leben sind, ihr Leben schon bedeutsam macht.

Tierschützer glauben, dass wir unserer Verpflichtung Tieren gegenüber ausreichend nachkommen, wenn die Tiere glücklich wirken, einige Freuden des Lebens genießen dürfen und frei von andauernden und intensiven Schmerzen, Angst, Hunger oder vergleichbaren Beeinträchtigungen sind. Solange sich die Individuen normal entwickeln und fortpflanzen, keine Krankheiten und Verletzungen, keinen Hunger oder Durst haben und auch sonst nicht zu leiden scheinen, geht es ihnen demnach gut.

Diese Position der Tierschützer setzt ferner voraus, dass es in Ordnung ist, Tiere zu menschlichen Zwecken zu nutzen, solange einige Vorsichtsmaßnahmen getroffen werden. So halten die Vertreter dieser Position es durchaus für legitim, dass wir Versuche an Tieren durchführen und sie zum Verzehr schlachten, solange dies auf ‚humane' Weise geschieht. Tierschützer wollen nicht, dass Tiere unnötig leiden, und sie sind manchmal nicht sicher, welche Schmerzen wirklich ‚nötig' sind und was menschlichen Schutz wirklich ausmacht, aber sie halten in manchen Fällen erhebliche Schmerzen und auch den Tod eines Tieres für gerechtfertigt, wenn Menschen davon profitieren. Der Zweck (menschliches Wohlergehen) heiligt die Mittel (die Nutzung von Tieren), auch wenn die Tiere massiv darunter leiden, weil die Tiernutzung als notwendiges Mittel zur Erlangung menschlicher Ziele angesehen wird.

Verdienen domestizierte Tiere weniger Schutz und Fürsorge als ihre wilden Verwandten?

Viele Wissenschaftler bevorzugen zu Forschungszwecken anstelle von Wildtieren die Nutzung domestizierter oder vom Menschen ‚konstruierter' Haustiere, wie zum Beispiel Hunde, Katzen oder zahlreiche Nagetiere. Einige sind der Auffassung, dass wir diesen Tieren weniger schuldig sind als ihren wilden Artgenossen. Sie sind leichter zu züchten und zu versorgen und werden deshalb bevorzugt verwendet. Ich allerdings halte es für ungerechtfertigt, Haustiere weniger respektvoll zu behandeln als ihre wilden Verwandten.

J. Baird Callicott, ein Philosoph, der viele Schriften über Tier- und Umweltethik verfasst, schrieb einst: „Haustiere sind Kreationen der Menschheit. Sie sind lebende Werkzeuge des Menschen. Sie wurden gezüchtet zur Gelehrigkeit, Gefügigkeit, Einfalt und Abhängigkeit. Es ist wirklich sinnlos zu fordern, dass sie befreit werden sollten." Callicott glaubt also, dass Haustiere gezüchtet wurden, um einfältig und dumm zu sein, aber er sagt leider nicht, welche Maßstäbe er benutzt. Er scheint außerdem nicht realisiert zu haben, dass Tiere nicht dumm sind, nur weil ihr Verhalten uns manchmal so erscheinen mag, und dass dies kein Grund ist, sie zu erniedrigen, weil sie sich lediglich ihrer Welt entsprechend verhalten. Ich würde behaupten, dass es gar keine dummen Lebewesen gibt, außer vielleicht einigen beschränkten Menschen, die sich nicht die Zeit nehmen, mehr über die Tiere zu lernen, denen sie Dummheit nachsagen.

Manche Menschen glauben, dass Haustiere weniger Mitgefühl und Respekt verdienen, weil sie, im Unterschied zu ihren wilden Verwandten, nur ‚Kreationen' des Menschen sind. Wildtiere verdienten deshalb einen höheren moralischen Status als domestizierte Haustiere. Ist diese Haltung fair den Tieren gegenüber, die wir ‚geschaffen' haben und die ein großes Zutrauen zu uns entwickelt haben? Selbstverständlich können auch Haustiere Schmerz und Leid empfinden, und es gibt keinen Beweis, dass ihre Leidensfähigkeit sich deutlich von der ihrer wilden Artgenossen unterscheidet oder gar geringer sei.

Vielleicht haben Menschen den domestizierten Tieren gegenüber sogar eine besondere Verpflichtung. Möglicherweise ist das psychische Leid domestizierter Tiere derzeit größer als das ihrer wilden Verwandten, wenn die Erwartungen in der Interaktion mit den Menschen nicht erfüllt werden. Der Philosoph L. E. Johnson hat dies treffend zusammengefasst: „Es sieht nach einem schmutzigem Doppelspiel aus, eine Beziehung zu irgendeinem Tier einzugehen, welches dazu in der Lage ist, um sich dann an seiner frühzeitigen und vorsätzlichen Vernichtung zu beteiligen." Einige Feldforscher bestätigen den Eindruck, dass die Tiere, mit denen sie umgehen, mit der Zeit zutraulicher werden. Jane Goodall beschreibt ihr Verhältnis zu den Schimpansen, deren Leben sie so intensiv studiert hat, als ‚ein Verhältnis gegenseitigen Vertrauens'. Ob die Tiere bestimmte Verhaltensweisen von uns erwarten und ob sie uns vertrauen, hängt davon ab, wie wir in der Vergangenheit mit diesen Tieren umgegangen sind.

Kapitel 7
Utilitarismus: Der Versuch der Abwägung von Kosten und Nutzen der Tiernutzung

Menschen, die die Nützlichkeit – in diesem Fall: von Tieren für den Menschen – betonen, nennt man *Utilitaristen*. Sie praktizieren *Utilitarismus* (lat. *utilis* = nützlich). Der Philosoph Peter Singer, Autor des Buches: „Die Befreiung der Tiere", der nun an der Princeton University in New Jersey lehrt, kann – bezogen auf die Frage, wie Menschen andere Tiere nutzen – als moderner Verfechter des Utilitarismus bezeichnet werden.

Utilitaristen gehen im Allgemeinen davon aus, dass weder Menschen noch Tiere Rechte haben. Die Entscheidungen von Utilitaristen basieren nicht auf moralischen Regeln und orientieren sich stets an der Maximierung der Nützlichkeit bzw. des Gesamtnutzens. Nach Auffassung der Utilitaristen kann ein Hund, eine Katze oder jedes andere Tier ‚benutzt' werden, solange das Leid, das dieses Tier empfindet (also gewissermaßen der ‚*Preis*' der Nutzung für das Tier) *geringer* ist als der Vorteil der Menschen, die von dieser Tiernutzung profitieren.

Bei der Entscheidung, etwas Bestimmtes zu tun oder zu unterlassen, hält Peter Singer diejenige Handlungsweise für die beste, die nach gründlicher Abwägung die bestmöglichen Konsequenzen für die Interessen all derer hat, die von dieser Entscheidung betroffen sind. In diesem Zusammenhang ist es wichtig, darauf hinzuweisen, dass sowohl Menschen als auch Tiere ein Interesse an Leidensvermeidung haben und dass die Interessen von Tieren und Menschen gleichermaßen berücksichtigt werden müssen.

Wenn Utilitarismus auf Tiere angewandt wird, ähnelt dies zunächst der *Tierschutz*-Position. Die einzige Regel – und sie ist keine moralische Regel – besagt, dass es richtig ist, Tiere zu nutzen, solange das Verhältnis zwischen den ‚Kosten' für die Tiere und dem ‚Nutzen' für die Menschen dergestalt ausfällt, dass die Kosten geringer sind als der Nutzen. So könnten Utilitaristen argumentieren, dass es gerechtfertigt sei, eine Million Mäuse im Rahmen der Krebsforschung zu opfern, um das Leben eines einzigen Menschen zu retten, weil die Kosten für die Mäuse geringer seien als der Nutzen für die Menschen, die einer an Mäusen entwickelten Behandlung unterzogen würden. Vielleicht würden Verfechter dieser Position auch der Käfighaltung von Gorillas und anderen Tieren in Zoos zustimmen, weil ihnen die Kosten für die Tiere geringer scheinen als die Vorteile des Menschen, mehr über das Leben dieser Tiere zu lernen.

Eines der Hauptprobleme im Zusammenhang mit dem Utilitarismus ist deshalb die jeweils angemessene Abwägung von Kosten und Nutzen. Wie kann jemand entscheiden, dass der Schmerz, das Leid und das Leben einer Million Mäuse für die Mäuse ein geringerer Preis sind als der dadurch von einem oder mehreren Menschen erzielte Nutzen? Sind die Kosten für eine Million Mäuse geringer, wenn hundert oder hunderttausend Menschen von ihrem Leid profitieren? Ein derartiger Abwägungsversuch birgt zudem stets die Gefahr der Begünstigung des Menschen in sich, weil die Entscheidung über Kosten und Nutzen ausschließlich von Menschen getroffen wird. Im Zweifelsfall ist es leicht, das Interesse eines Tieres zu ignorieren, wenn uns die Missachtung seiner Interessen zugute kommt.

Der Standardversion des Utilitarismus zufolge, die der britische Philosoph Jeremy Bentham (1748–1832) entwickelte, geht es im Wesentlichen um Schmerz und Freude. Bentham war sehr an Tieren interessiert und wollte sie in von Menschen getroffene moralische Entscheidungen einbeziehen. Seinem Interesse an Tieren trug Bentham Rechnung, als er schrieb: „Die Frage ist nicht: Können sie verständig *denken* oder: Können sie *sprechen*?, sondern: Können sie *leiden*?" Nach Auffassung Benthams ist es völlig unerheblich, ob Tiere über Denkfähigkeit und Intelligenz verfügen, solange sie leidensfähig sind. Es sind die mit dem Leiden verbundenen Kosten, die berücksichtigt werden müssen, wenn entschieden werden soll, wie zwischen Kosten und Nutzen abgewogen werden soll. Utilitaristen, die Benthams Theorie folgen, beurteilen eine Handlung dann als richtig, wenn diese Handlung größere Freude als Schmerz bereitet. Menschen sollten demnach danach streben, die Freude (den Nutzen) zu maximieren und den Schmerz (die Kosten) zu minimieren.

Der Utilitarismus findet aufgrund seiner Flexibilität durchaus Anklang. Diese Flexibilität birgt jedoch auch die Gefahr, dass Utilitaristen Dinge entscheiden und umsetzen, die der anerkannten Moral entgegenstehen. Viele Menschen kritisieren deshalb am Utilitarismus, dass er zu Lösungen kommen könnte, die Tierquälerei, Wortbruch, Lüge und sogar die Tötung eines Menschen (z. B. um dessen Haus Bedürftigen zur Verfügung zu stellen) in Kauf nehmen, solange die Kosten geringer sind als der Nutzen, das heißt, solange die Konsequenzen für alle Beteiligten einen positiven Effekt hätten, der größer sei als der negative Effekt.

Viele Utilitaristen glauben, dass der Schmerz und das Leid der meisten Tiere den Vorteilen des Menschen durch die Tiernutzung nicht annähernd gleichkommt. Tiere haben demnach zu keinem Zeitpunkt eine faire Chance zur Durchsetzung ihrer Interessen, wenn menschliche Interessen mit im Spiel sind. Da einige Menschen denken, dass das Leben eines Schimpansen wertvoller ist als das Leben einer Maus oder einer Krabbe, könnten sie fordern, dass zum Beispiel mehr Mäuse als Schimpansen zu Forschungszwecken eingesetzt werden sollten. Es ist jedoch extrem schwierig, einen exakten Wert der Qualität eines Lebens zu ermitteln. Letztendlich treffen die meisten Menschen ihre Entscheidungen so, als sei menschliches Leben unter allen Umständen wertvoller und wichtiger als das Leben von Tieren.

Angewandter Utilitarismus

Ich möchte nun ein weiteres Gedankenexperiment vorstellen, das vergleichbar ist mit dem Beispiel von dem Hund im Boot, welches im Zusammenhang mit dem Speziesismus erörtert wurde. Stellen wir uns vor, dass wir entscheiden müssten, ob es in Ordnung ist, Mäuse oder Schimpansen in einem Versuch zur Erforschung von Lungenkrebs zu nutzen, dessen Ergebnisse *vielleicht* Menschenleben retten. Ich sage ‚vielleicht', weil es nicht immer zu einer Lösung führt, wenn wir Tiere zur Erforschung menschlicher Krankheiten benutzen. Vielleicht helfen die Ergebnisse aber doch zahlreichen Menschen. Möglicherweise helfen die Resultate auch nur den Mäusen und den Schimpansen, aber nicht den Menschen, und ebenso wäre es denkbar, dass die erzielten Ergebnisse nur den Menschen und den Schimpansen nützen könnten, nicht aber den Mäusen.

Nun muss entschieden werden, ob es gerechtfertigt scheint, eintausend Mäuse oder eintausend Schimpansen in einem Versuch zu benutzen, von dem niemand genau weiß, ob er irgendeinem Menschen, irgendeiner Maus oder irgendeinem Schimpansen nützen wird. Was man weiß, ist, dass die im Versuch benutzten Mäuse und Schimpansen Schmerz erleiden werden und vermutlich an der ihnen zugefügten Krankheit sterben oder getötet werden, damit man ihre Organe und Zellen untersuchen kann. Wie sollte in diesem Fall entschieden werden? Ich möchte einige Lösungsmöglichkeiten vorschlagen, und es gibt andere, die formuliert werden müssen.

Man könnte leichtfertig entscheiden, dass es nicht darauf ankommt, wie viele Mäuse und Schimpansen benutzt werden, selbst wenn sich die Ergebnisse als nutzlos für den Menschen herausstellten. Man könnte auch entscheiden, dass es unter denselben Bedingungen angemessen sei, tausend Mäuse, aber nur hundert Schimpansen zu ‚nutzen', weil Schimpansen klüger sind als Mäuse und weil sie mehr unter den Versuchen leiden würden. Natürlich müsste man dann auch die unterschiedliche Anzahl der eingesetzten Tiere begründen.

Es gibt aber auch ganz andere Möglichkeiten. Mancher würde vielleicht entscheiden, dass wir zunächst mehr Information darüber brauchen, ob überhaupt die Chance besteht, dass die Versuchsergebnisse dem Menschen nützen könnten. Ohne dieses Wissen sollten wir gar keine Mäuse oder Schimpansen nutzen. Er könnte auch zu der Entscheidung gelangen, dass nur Mäuse, aber keine Schimpansen benutzt werden sollten. Aber es gibt noch andere Möglichkeiten: Würde es einen Unterschied machen, wenn ein nahe stehender Familienangehöriger oder ein guter Freund von den Versuchsergebnissen profitieren würde? Wahrscheinlich würde es für die meisten Menschen einen Unterschied machen, und sie würden in einem solchen Fall vielleicht entscheiden, dass die Forscher beliebig viele Mäuse, Schimpansen und auch andere Tiere benutzen könnten, wenn der Angehörige oder ein guter Freund dadurch irgendeine Chance hätte zu genesen. Vielleicht würden auch Sie so entscheiden, wenn Ihr bester Freund erkrankt wäre.

Wie bereits gesagt, gibt es diverse Faktoren, die bei der Bestimmung und Abwägung von ‚Kosten' und ‚Nutzen' unseres Tuns berücksichtigt werden müssen, ohne dass der Utilitarismus genaue Regeln oder Orientierungshilfen anbietet. Diese Flexibilität ist es, die den Utilitarismus so schwer anwendbar macht.

Ich möchte einige Variablen auflisten, die bei der Anwendung des Utilitarismus eine Rolle spielen. Sie umfassen folgende Fragen:

(1) Wer trifft die Entscheidung? (2) Wer könnte davon profitieren? (3) Welche Tiere werden benutzt? (4) Wie werden die Tiere benutzt? Ein Faktor, der dabei häufig ausgeklammert wird, den es jedoch zu berücksichtigen gilt, betrifft mögliche Vorteile sowohl für die benutzten Tiere als auch für Mitglieder derselben oder anderer Spezies. Es wäre denkbar, dass einige der benutzten Mäuse oder Schimpansen von den Forschungsergebnissen profitieren, sofern sie die Prozeduren

ohne bleibende Schäden und andauernde Schmerzen überlebt haben. Vielleicht würden auch anderen Affen und Mäusen die von den Versuchstieren erlittenen Qualen langfristig zugute kommen. Das Leid oder der Tod von Individuen würde demnach in manchen Fällen einer ganzen Spezies ‚nützen'. Nach Auffassung mancher Menschen müssen auch derartige Überlegungen in die Abwägung zwischen Kosten und Nutzen einfließen.

Kapitel 8
Wer zählt? Spezies, Individuen und die Rücksiedlung von Wölfen

Die Beschäftigung mit Themen wie Speziesismus, Tierrechten, Tierschutz und Utilitarismus führt zu der Frage, ob wir uns eher um einzelne Individuen als um Gruppen oder Gattungen von Lebewesen kümmern sollten. Um diese Frage zu diskutieren, möchte ich zunächst auf ein Thema eingehen, das mittlerweile immer mehr Beachtung findet, nämlich die ‚Rücksiedlung' von Tieren wie zum Beispiel Wölfen in Gebiete, in denen sie früher einmal gelebt haben. Die Rücksiedlung von Tieren ist deshalb ein wichtiger Punkt, weil sie viele Fragen aufwirft, die die Abwägung zwischen individuellen und gruppenbezogenen oder speziesübergreifenden Interessen und Rechten betreffen. Sind wir gefährdeten Arten etwas schuldig, und wenn ja, was? Auch die Frage der globalen Artenvielfalt muss in diesem Zusammenhang berücksichtigt werden. Sollten die Menschen sich darum bemühen, die Artenvielfalt zu bewahren, oder sollten wir den ‚natürlichen' Ereignissen ihren Lauf lassen und uns so wenig wie möglich einmischen?

Eines der ambitioniertesten Rücksiedlungs-Programme der USA betrifft Grauwölfe, die einst in zahlreichen Gegenden lebten, u. a. im Yellowstone National Park, bevor die Menschen sie jagten und töteten. Als Gattung wurden Wölfe in einigen Staaten der USA fast völlig ausgerottet. Der amerikanischen Regierung zufolge gilt diese Spezies gegenwärtig als ‚gefährdet'. Manche Menschen sind der Auffassung, dass wir die Fehler und Handlungen von Menschen in der Vergangenheit korrigieren müssen, indem wir die Wölfe in ihre ursprünglichen Lebensräume zurückbringen. Andere sind gegen eine solche Rücksiedlung dieser Tiere, weil sie fürchten, dass die Wölfe das ‚Vieh' und andere Lebewesen töten könnten, oder weil sie der Meinung sind, dass die Natur ihren Lauf nehmen sollte und das Eingreifen des Menschen Teil eines natürlichen Prozesses sei.

Einige Fragen zu den Rücksiedlungs-Programmen

Welche Ereignisse gilt es im Zusammenhang mit derartigen Rücksiedlungs-Programmen zu beachten? Im Rahmen solcher Programme werden zum Beispiel Wölfe häufig aus ihrer vertrauten Umgebung in ein neues Gebiet gebracht. Sie werden gewissermaßen von dem Ort ‚entführt', wo sie und ihre Vorfahren gelebt haben. Manche Tiere leiden oder sterben, wenn sie eingefangen und während des Transports in Käfige gesperrt werden. *Ist es fair, diese Individuen zum Wohle ihrer Gattung zu benutzen?* Ist es fair, einzelne Wölfe aus ihrer vertrauten Umgebung und Heimat herauszureißen und sie in Gegenden zu bringen, in denen sie möglicherweise nicht die gleiche Lebensqualität haben? Es gibt Menschen, die der Auffassung sind, dass die Tiere ohnehin sterben werden und dass es deshalb legitim sei, sie umzusiedeln. Natürlich rechtfertigt der Umstand, dass ein Lebewesen – menschlich oder nicht-menschlich – unter bestimmten Umständen sterben könnte, keineswegs die Absicht, dieses Lebewesen vorher auf andere Weise zu töten. (Ich habe viele dieser Sachverhalte in einem Essay mit dem Titel „Jinxed Lynx" – „Verhexte Luchse" – erörtert, welches ich im Zusammenhang mit der Rücksiedlung Kanadischer Luchse nach Colorado geschrieben habe; siehe: www.bouldernews.com/opinion/columnists/mark.html.)

Auch andere Fragen gilt es zu berücksichtigen. So werden beispielsweise einzelne Wölfe manchmal zu Zuchtzwecken in Gefangenschaft gehalten. Sie leben in Gehegen und können nie frei umherstreifen wie ihre freilebenden Verwandten. Ist es legitim, einzelne Tiere zur Erhaltung ihrer Art so zu behandeln? Diese Fragen sind schwer zu beantworten. Menschen versuchen, Entscheidungen für Tiere zu treffen, die ihre Zukunft nicht selbst bestimmen können. Wir entscheiden stellvertretend für die Tiere und übertragen unsere Werte auf ihr Leben. Sollen diese Individuen leiden und sterben, um das Überleben ihrer Gattung zu sichern? Im Gegensatz zu den Tieren können die meisten Menschen selbst entscheiden, ob sie ihr eigenes Leben zum Wohle ihrer Spezies gefährden würden. Im Übrigen geht es vielen Befürwortern der Rücksiedlungs-Programme nicht vorrangig um das Wohl der Tiere, sondern um ihr eigenes Interesse, Wölfe in bestimmten Gegenden wie Yellowstone wieder sehen zu wollen oder einfach nur zu wissen, dass sie dort umherstreifen.

Die Geschichte ist hier nicht zu Ende. Was ist beispielsweise mit anderen Raubtieren, Tieren, die normalerweise andere Tiere zu Nahrungszwecken töten und die durch die Wölfe nun Konkurrenz bei der Nahrungssuche bekommen? Seit beispielsweise die Wölfe wieder in Yellowstone leben, töten sie Kojoten. Ganze Kojoten-Rudel verschwinden oder werden aus ihren angestammten Revieren vertrieben. Robert Crabtree und Jennifer Sheldon, die Kojoten in Yellowstone in Langzeitstudien beobachteten, berichteten, dass die Ansiedlung der Wölfe innerhalb eines Jahres zu einem Rückgang der Kojotenpopulation um 50 % geführt hat. Die Größe der einzelnen Kojoten-Rudel sank ebenfalls von durchschnittlich sechs auf vier Tiere. Dass man den Wölfen erlaubt, die Kojoten zu töten, impliziert, dass Wölfe wertvoller sind als Kojoten. Würden Sie diese Auffassung teilen? Und wenn ja, warum? Es ist außerdem wichtig, auch die ‚Beute-Tiere‘ der Wölfe, wie z. B. Elche, die nun gefressen werden, bei derartigen Entscheidungen zu berücksichtigen. Einer derartigen Bedrohung waren die Elche vor der Rücksiedelung der Wölfe nicht ausgesetzt. Inwieweit zählt auch ihr Schmerz und Leid?

Wessen Interessen sind wichtiger: unsere oder die der Tiere? Die ‚Renovierung' der Natur

Offensichtlich gibt es eine Menge schwieriger Fragen zu bedenken. *Eine der wichtigsten Fragen lautet: Unter welchen Voraussetzungen ist es in Ordnung, sich über das Leben eines Individuums zum Wohle seiner Spezies hinwegzusetzen?* Diesen und anderen Fragen werden wir uns in Zukunft stellen müssen, wenn Menschen versuchen, Tiere in Gegenden wieder anzusiedeln, in denen sie früher einmal gelebt haben.

Ich stelle diese Fragen nicht, weil ich generell dagegen bin, dass Tiere in ihre ursprünglichen Heimatgebiete zurückgebracht werden. So scheint zum Beispiel das Yellowstone-Programm insofern erfolgreich zu sein, als die Population der Wölfe stetig anwächst. Ich stelle diese Fragen vielmehr, um zu verdeutlichen, dass etliche Kriterien zu beachten sind und die Sachverhalte lange nicht so klar sind, wie einige Menschen es gern hätten. Wenn wir also versuchen, Ökosysteme zu ‚restaurieren' oder die Natur zu ‚renovieren', um beispielsweise gefährdete Tierarten durch derartige Umsiedlungs-Programme zu erhalten, sollten wir nicht nur unsere eigenen Ziele und Wünsche berücksichtigen, sondern uns auch um die betroffenen Tiere kümmern. Einzelne Tiere sollten nicht unnötig leiden oder sogar sterben müssen, nur weil wir etwas Bestimmtes wollen. Wir müssen ferner bedenken, dass sich die Ökosysteme in der Abwesenheit von Raubtieren wie z. B. Wölfen entsprechend anders entwickelt haben und durch die Rückkehr der Tiere somit ebenfalls einer Veränderung unterworfen sind. Somit könnte sich herausstellen, dass es in einigen Fällen falsch wäre, zu versuchen, das Verlorene zurückzugewinnen. Darüber hinaus könnte es unmöglich sein, das, was einst existierte, neu zu ‚erschaffen', weil sich die Zeiten geändert haben und wir Vergangenes nicht beliebig reproduzieren können.

Zu berücksichtigen ist ferner, dass die Kosten einer derartigen ‚Renovierung' von Ökosystemen durch Rücksiedlungs-Programme möglicherweise auch für eine angemessene Behandlung der betroffenen Tiere zu hoch wären. Außerdem ist es in vielen Fällen eher unwahrscheinlich, dass derartige Rücksiedlungs-Programme den gewünschten Erfolg haben, weil viele Tiere, insbesondere jene, die in Gefangenschaft aufgewachsen sind, auf das Leben in der Wildnis gar nicht (mehr) vorbereitet sind. Darüber hinaus könnte es nicht genug geeigneten Lebensraum für diese Tiere geben. Außerdem könnte es an der Akzeptanz der Menschen mangeln, weil sie Angst vor den rückgesiedelten Tieren haben oder um ihr Vieh fürchten. Derartige Probleme haben nun auch das bereits erwähnte Yellowstone-Programm gefährdet, weil die Menschen bestürzt darauf reagieren, wenn die Wölfe sich wie Raubtiere verhalten, die sie nun einmal sind. Wölfe töten Vieh und durchstreifen ein weites Gebiet. Wenn die Tiere es mit ihrem Leben bezahlen müssen, dass sie sich ihrer Natur und Entwicklung gemäß verhalten, können derartige Rücksiedlungs-Programme nicht ohne weiteres gerechtfertigt werden.

Mein Hund, dein Hund oder die letzten Wölfe: Freundschaft und Vertrauen

Rücksiedlungs-Programme konfrontieren uns ebenfalls mit der Frage, nach welchen Kriterien wir über die Nutzung von Tieren verschiedener Spezies entscheiden. Dies soll das folgende Beispiel verdeutlichen: Mein Freund, der Philosoph Ned Hettinger von der Clemson University, stellte mir im Rahmen einer unserer zahlreichen Diskussionen über Tierrechte, Moral und Artenvielfalt die folgende schwierige Frage: Wenn ich während einer Autofahrt gezwungen wäre, entweder den letzten existierenden Wolf oder meinen Hund Jethro zu überfahren, wen würde ich eher ‚opfern', wenn ich die Wahl hätte? Meine Antwort lautete, dass ich in diesem Fall den letzten Wolf töten würde.

Ich habe mich oft gefragt, ob es falsch wäre, eine derartige Wahl zu treffen. Bin ich zu eigennützig? Inwieweit müsste ich den Umstand berücksichtigen, dass es unzählige andere Hunde gäbe, aber zukünftig keine Wölfe mehr? Bin ich den Wölfen etwas Bestimmtes schuldig? Es würde aber auch niemals einen zweiten Jethro geben; er ist ein besonderer Freund, der mir sehr nahe steht und der mir mehr bedeutet als jedes andere Tier, einschließlich des letzten Wolfes (dessen Gattung, sofern der Wolf nicht trächtig wäre, ohnehin aussterben würde). Diese Freundschaft macht es mir unmöglich, unparteiisch zu sein.

Es gibt zahlreiche solcher schwierigen Fragen, die erörtert werden müssen. Was wäre, wenn der letzte Wolf tatsächlich eine trächtige Wölfin wäre oder wenn es sich um eine Gruppe von Wölfen handeln würde? Auch dann würde ich mich noch immer entscheiden, Jethros Leben zu retten. Während ich mir nicht sicher bin, was ich täte, wenn nicht Jethro beteiligt wäre, sondern ein anderer Hund, würde ich vermutlich einem mir bekannten Hund, von dem ich weiß, dass er zu einem fürsorglichen ‚Halter' gehört, eher das Leben schenken als dem Wolf.

Sollte ein Hund, unter Umständen sogar der eigene, getötet werden, um wilde Tiere zu verschonen? Sind wir ‚unseren' Haustieren und Kameraden weniger schuldig als wilden Tieren? Würde die Entscheidung anders aussehen, wenn es irgendein Hund wäre oder wenn die Wildtiere selten und als Gattung gefährdet wären? Wenn man entschiede, den eigenen Hund zu töten, um gefährdete Wildtiere zu retten, inwieweit kann dabei die Erhaltung der Artenvielfalt als Argument dienen, um eine solche Entscheidung rechtfertigen zu können?

Ich werde im nächsten Abschnitt noch einmal auf die Rücksiedlungs-Programme zurückkommen. Es ist mir wichtig, zu betonen, dass derartige Programme nicht zwangsläufig schlecht oder verhängnisvoll sind. Es bedarf jedoch einiger ernsthafter Überlegungen, die häufig vernachlässigt werden, weil viele nur die reizvolle Seite und die damit verbundenen Emotionen sehen, die mit der Rücksiedlung schöner Tiere in ihre ursprünglichen Lebensräume einhergeht. Natürlich ist es wundervoll, Wölfe und andere Tiere in der Wildnis sehen zu können, und es ist ein großartiges Gefühl, zu wissen, dass es sie dort gibt. Aber um welchen Preis?

Kapitel 9

Zoos, ‚Wildparks' und Aquarien: Sollten Menschen andere Tiere in Gefangenschaft halten?

Zoos gibt es schon sehr lange. Schon die alten Ägypter hielten sich ‚Sammlungen' verschiedener Tierarten. Die ersten modernen Zoos entstanden im späten 18. Jahrhundert in Europa. In den Vereinigten Staaten öffnete der erste Zoo nach europäischem Vorbild 1874 in Philadelphia. Das erste öffentliche Aquarium der USA wurde 1856 eröffnet. Die damaligen Zoos glichen ‚lebendigen Museen' und wurden in erster Linie für Menschen erschaffen und nicht etwa zum Wohle der eingesperrten Tiere.

In den Vereinigten Staaten gibt es seit 1972 eine Organisation namens AZA (American Zoo and Aquarium Association), die Zoos, ‚Wildtier'-Parks und Aquarien überprüft. (Ich setze das Wort ‚Wildtiere' in Anführungszeichen, weil es fraglich ist, ob Tiere, die in Gehege gesperrt und ausgestellt werden, wirklich ‚Wildtiere' sind, so wie es ihre freilebenden Verwandten sein können.) Wenn eine bestimmte Einrichtung die Auflagen der AZA erfüllt, wird sie von dieser Organisation anerkannt und empfohlen. Nur 183 Zoos, ‚Wildparks' und Aquarien in den Vereinigten Staaten erfüllen diese Auflagen, während sich die Zahl der zugelassenen Zoos, die nicht von der AZA empfohlen werden, auf etwa 2000 beläuft. Diese Zoos, Wildparks und Aquarien sind zwar legal, aber die AZA kann kaum Einfluss auf die Art der Haltung und den Umgang mit den dort lebenden Tieren nehmen.

In Deutschland werden bestimmte Auflagen für Zoos vom Bundesamt für Naturschutz (bfn) ausgesprochen und überprüft, wobei dies zum Teil recht nachlässig geschieht (siehe: www.prowildlife.de/Presse/Archiv1999/PM-Elefanten.html und www.bfn.de). In der Schweiz ist durch die Tierschutzverordnung die Zootierhaltung vergleichsweise streng geregelt.

Es ist wichtig, zu betonen, dass es zwischen den anerkannten und den nur zugelassenen Zoos, Wild-Parks und Aquarien erhebliche Qualitätsunterschiede gibt. Einige ‚Zoo-Experten' halten viele Zoos für veraltet. Ihrer Auffassung nach kann höchstens ein Drittel aller Zoos mit Attributen wie ‚natürlich' und ‚bereichernd' beschrieben werden. Ein Zoo-Direktor äußerte den Wunsch, 95 % der Zoos, die er besucht habe, verändern zu können. Während einige Zoos bemüht sind, ihren Bewohnern das bestmögliche Leben zu gewähren, gibt es eine Vielzahl von Zoos, denen es an diesen und anderen Qualitäten erheblich mangelt. Wenn wir entscheiden wollen, ob Zoos existieren sollten oder nicht, müssen wir nicht nur die Tatsache beachten, dass alle eingesperrten Tiere ein eingeschränktes Leben führen und gegen ihren Willen festgehalten werden, sondern auch, dass es einige Zoos gibt, in denen die Tiere grausam behandelt werden (siehe z. B.: www.tierrechte.de/infodienst_00_03_teil3.shtml; www.tierrechte-nuernberg.de/Zoo/zoo.html; www.peta.de/fakten/dfsent03.htm; www.bmt-tierschutz.dsu.de/infos/zooinf.htm; www.vierpfoten.de).

Das Problem der ‚überschüssigen' Tiere

Zusätzlich zu dem Umstand, dass gefangene Tiere ein unnatürliches Leben führen, welches oft als armselig bezeichnet werden muss (über das armselige Leben der Zootiere informiert u. a. GEO, Heft 12/99, S. 54–74, sowie der Band „Der Zoo. Fotografien von Tieren in Gefangenschaft"), ist es in vielen Zoos üblich, ‚überschüssige' oder unerwünschte Tiere an Tierhändler, Auktionatoren, nicht anerkannte Zoos und unbekannte Personen zu verkaufen, zu verschenken oder zu verleihen. Es ist eine Tatsache, dass die meisten Zootiere wie Museumsexemplare ausgestellt werden und nie aus ihrer Gefangenschaft befreit werden. Die Tiere werden wie bloßes Eigentum behandelt, und ihr Schicksal hängt von ihrem monetären Wert ab.

Von 1992 bis 1998 wurden etwa eintausend exotische Tiere als lebende Ware verkauft. Eine Vielzahl von Informationen zum Thema Tierhandel findet sich in Alan Green's Buch „Animal Underworld: Inside America's Market for Rare and Exotic Species".

Green berichtet, dass der illegale Handel mit seltenen und gefährdeten Tierarten in den USA floriert und dass auch andere Tiere regelmäßig verkauft und gehandelt werden. In den von der AZA empfohlenen Zoos leben nur ca. 250 Tiger, während etwa 6000 bis 7000 ‚zahme' Tiger unter grausamen Bedingungen eingesperrt und gehalten werden. Bären, die einst in ‚Streichel-Zoos' ausgestellt wurden, enden oft auf Märkten, wo sie im schlimmsten Fall als ‚Lebensmittel' angeboten werden, wenn sie nicht länger gebraucht werden. Greens Berichte und Bilder sind erschreckend und tragisch, aber ich bin ihm dankbar, dass er diese Themen in den Blickpunkt der Öffentlichkeit gerückt hat. Nach einem Bericht des Europäischen Parlaments wird der Wert des Handels mit wild lebenden Tieren und Pflanzen in der Europäischen Gemeinschaft auf mindestens 7 Milliarden DM beziffert – siehe: www.oneworld.de/emedia/archiv/4519/index.htm (weitere Berichte über den Handel mit exotischen Tieren finden sich unter www.prowildlife.de/Projekte/Exotenhandel/Exotenhandel.html; www.dasbeste.de/report/schmuggel.html; www.wwf.de; www.dnr.de; www.vier-pfoten.de; www.peta.de; www.cites.org).

Der Versuch, das Leben der Gefangenen zu verbessern

Heutzutage praktizieren viele Zoos eine quasi-natürliche Tierhaltung, und viele Wildparks bieten den Tieren Reviere, in denen sie umherstreifen können. Auf diese Weise soll versucht werden, den körperlichen und verhaltensspezifischen Bedürfnissen der eingesperrten Tiere entgegenzukommen und ihnen eine Umgebung zu verschaffen, die ihrem natürlichen Lebensraum, aus dem man sie herausgenommen hat und in dem ihre wilden Verwandten noch immer leben, so weit wie möglich entspricht. Amerikanische Braunbären, die in Gefangenschaft gehalten werden, verbringen prozentual die gleiche Zeit in Bewegung wie ihre freilebenden Artgenossen. Die Art der Aktivität ist jedoch eine andere. Die meisten der in Gefangenschaft lebenden Bären schreiten ständig auf und ab, ohne Nahrung zu suchen. Es gibt außerdem einen Trend, die Tiere in ‚natürlichen' Gruppen zu halten. So werden Wölfe häufig in rudelähnlichen Gruppen gehalten, während andere Tiere ihrer Natur entsprechend allein gehalten werden oder die Möglichkeit erhalten, sich vor anderen Tieren oder menschlichen Besuchern zu verstecken oder zurückzuziehen.

Einige Zoos versuchen, die Tiere durch eine abwechslungsreiche Umgebung zu stimulieren und herauszufordern, um die Langeweile zu reduzieren, die die ständig gleiche Umgebung ohne Aufgaben mit sich bringt. Derartige ‚Bereicherungs-Programme' ermöglichen den Tieren, ihre Umgebung zu kontrollieren und zwischen verschiedenen Aktivitäten zu wählen. Trotzdem ist die Bewegungsfreiheit all dieser Individuen stark eingeschränkt, und auch in der großzügigsten und abwechslungsreichsten Umgebung ist das Angebot zwangsläufig begrenzt. Viele dieser ‚Bereicherungs-Programme' dienen in erster Linie den Zoobesuchern und entsprechen keineswegs den natürlichen Lebensräumen der gefangenen Tiere.

Verschiedene Arten der Bereicherung wurden ausprobiert. Verschiedenartige Gattungen haben unterschiedliche Bedürfnisse, und darüber hinaus gibt es auch individuelle Abweichungen zwischen Mitgliedern derselben Spezies (so variieren die Bedürfnisse der Tiere schon nach Alter und Geschlecht). Das Hauptziel der ‚Bereicherungs-Programme' besteht darin, den Tieren ein selbstbestimmteres Leben zu ermöglichen und sie zu beschäftigen. Die Bereicherung des Lebens der Tiere kann auf unterschiedlichste Weise erfolgen, zum Beispiel, indem man ihnen sichere Plätze zum Ausruhen, Schlafen und zum Schutz vor Artgenossen oder Zoobesuchern anbietet; indem man in Gemeinschaft lebenden Tieren erlaubt, paarweise oder in größeren Gruppen zu leben, die den natürlichen Gruppen ähneln; indem man die Tiere beispielsweise dadurch beschäftigt, dass man ihnen gefrorenes Futter anbietet oder das Futter auf dem Gelände verteilt oder versteckt; indem man den Boden mit natürlichen Materialien ausstattet; indem man die Käfige mit verschiedenen Gerüchen versieht; indem man den Tieren erlaubt, sich körperlich zu betätigen; indem man den Tieren ausreichend große Käfige zur Verfügung stellt (obwohl das nicht unbedingt bereichernd ist); und indem man insgesamt die Komplexität und Mannigfaltigkeit ihrer körperlichen und sozialen Lebensmöglichkeiten erhöht. Es kann durchaus sinnvoll sein, den Tieren auch Anstrengungen in gemäßigter Form abzuverlangen, insbesondere bei solchen Tieren, die ausgewildert werden sollen. So wäre es beispielsweise sinnvoll, Tieren die Futterbeschaffung zu erschweren, wenn sich die Nahrungssuche in der Wildnis schwierig gestaltet.

Zwar sprechen die Bereicherungs-Programme die Frage, ob Menschen andere Lebewesen gefangen halten sollten, nicht direkt an, doch scheinen die wenigen gefangenen Tiere, die in den Genuss einer abwechslungsreichen und großzügigen Umgebung kommen, ohne Zweifel zufriedener und glücklicher zu sein als jene Tiere, denen dies vorenthalten wird. Tiere, die in guter psychischer Verfassung sind – glücklich und zufrieden –, zeigen keine so drastischen Verhaltensauffälligkeiten und Störungen wie unglückliche und unzufriedene Individuen, die zum Beispiel ständig mechanisch auf und ab schreiten, sich hin und her wiegen, sich zum Teil selbst verstümmeln und nicht selten einen ,Käfig-Koller' erleiden. Zufriedene Tiere sind zudem weitaus weniger ängstlich und aggressiv. Stattdessen beschäftigen sie sich mit verschiedenen Arten des Spiels, haben normalen Appetit und leiden, im Unterschied zu ihren weniger glücklichen Verwandten, nicht unter extremen Angstzuständen, Krankheiten oder Stress.

Trotzdem ist die Bewegungs- und Handlungsfreiheit von Tieren, die in ,bereicherter' Gefangenschaft leben, auch dann stark begrenzt, wenn sie nicht in Käfigen leben müssen. Gefangene Individuen haben nicht die Möglichkeit, so zu leben wie ihre wilden Verwandten, die frei umherstreifen und so leben können, wie es ihrer jeweiligen Natur entspricht. Der Entscheidungsspielraum gefangener Tiere ist extrem eingeschränkt, und sie haben keinen Einfluss auf ihr eigenes Schicksal.

Die öffentliche Meinung über Zoos

Die Frage, ob es Zoos geben sollte oder nicht, wird sehr kontrovers diskutiert. Eine 1995 in den Vereinigten Staaten erhobene Umfrage ergab, dass fast 70 % der Amerikaner um das Wohlergehen der in Zoos lebenden Tiere besorgt sind. Sicher werden bestehende Zoos in naher Zukunft nicht einfach geschlossen, und die dort lebenden ,Exponate', die in Käfigen gehalten werden, können nicht einfach getötet oder ausgewildert werden. Dies wäre nicht nur praktisch unmöglich, sondern auch unmoralisch. Die ausgewilderten Tiere wüssten vermutlich gar nicht (mehr), wie sie außerhalb von Käfigen ohne menschliche Unterstützung überleben sollten. Wie ich zuvor bereits erwähnte, müssen auch die unerwünschten und ,überschüssigen' Zootiere berücksichtigt werden, die oft in abgelegenen, der Öffentlichkeit nicht zugänglichen Käfigen hausen oder verkauft werden.

Im Rahmen der kontroversen Debatte über Zoobesuche ist es interessant, die Ergebnisse einer aktuellen Studie zu betrachten. Man fand heraus, dass Kinder eher die Ähnlichkeiten zwischen Mensch und Tier sehen, während Erwachsene eher die Unterschiede wahrnehmen. Kinder fühlen sich vielen Tieren verwandt. Die Studie zeigte ferner, dass Kinder durch Zoobesuche mehr über die Unterschiede zwischen sich selbst und den Erwachsenen lernen als über die dort lebenden Tiere. Darüber hinaus sehen Kinder oft, wie furchtbar Zoos sind, was sie jedoch meist nicht während des Zoobesuches äußern, sondern manchmal erst viele Jahre später. Sie bedauern die eingesperrten Tiere und betrachten sie als Kreaturen, die an Langeweile leiden.

Erziehung, Naturschutz, Artenvielfalt und gefährdete Spezies

Die zwei gängigsten Gründe, mit denen die Existenz von Zoos gerechtfertigt wird, zielen auf die *Erziehung* und den *Naturschutz* ab. Einige Menschen befürworten Zoos, weil sie dadurch viel über Tiere im Allgemeinen und insbesondere über solche Tierarten lernen, die sie sonst nie zu Gesicht bekämen. Michael Kreger vom Animal Welfare Information Center fand heraus, dass sich der durchschnittliche Zoobesucher nur 30 Sekunden bis 2 Minuten Zeit für die einzelnen ‚Ausstellungen' nimmt und nur einige der Informationen über die Tiere liest. Zahlreichen Schätzungen zufolge besucht die Mehrheit der Besucher den Zoo, um unterhalten zu werden. Einer Studie des Zoos von Edinburgh in Schottland zufolge besuchten nur 4 % den Zoo, um etwas über Tiere zu lernen, und niemand nannte die Unterstützung des Naturschutzes als Grund für den Zoobesuch. Es gibt kaum Anzeichen dafür, dass ein Zoobesuch nachhaltige Lernerfolge nach sich zöge, die den Tieren in der Zukunft zugute kämen.

Manche Menschen unterstützen Zoos, weil sie dazu beitragen könnten, Individuen seltener, bedrohter oder gefährdeter Arten am Leben zu erhalten, wenn die Lebensräume dieser Tiere zerstört wurden. Dies ist keineswegs immer der Fall. Es wird geschätzt, dass beispielsweise 50 bis 70 % aller verwaisten Gorillakinder sterben, nachdem sie eingefangen und in Zoos gebracht wurden. Ähnliche Zahlen gelten auch für verwaiste Gorilla-Kinder und -'Jugendliche', die aus der Gefangenschaft in die Wildnis entlassen werden.

Einige Menschen unterstützen Zoos auch deshalb, weil sie dem Erhalt der Artenvielfalt dienen könnten. Sie argumentieren, dass sich durch das Aussterben von Gattungen die Artenvielfalt verringern würde, wenn es keine Zoos gäbe. Deshalb seien Zoos potentiell wichtig für den Naturschutz, weil sie dic Tiere an sicheren Orten verwahren, um sie oder ihre Nachkommen dann wieder in die Wildnis zu entlassen. Wenn ihre eigentlichen Lebensräume jedoch nicht erhalten wurden, weil zum Beispiel Menschen das Land während der Gefangenschaft der Tiere zu anderen Zwecken genutzt haben, gibt es keinen Platz für die Tiere, wohin sie freigelassen werden können. Dies ist tatsächlich oft der Fall. Die meisten Naturschutzexperten sind sich einig darüber, dass der Verlust der Lebensräume der Hauptgrund für den Rückgang der Artenvielfalt ist. Es gibt zu viele Menschen und zu wenig Land für die Tiere, um zu gedeihen und zu überleben, und die Situation verschlimmert sich zunehmend. Ich erinnere in diesem Zusammenhang an den dramatischen 'Schwund' der Wildnis von etwa 2 % pro Jahr in Kenia.

Zoos tragen derzeit wenig zur Erhaltung der Artenvielfalt bei. Während einige Zoos sich scheinbar ernsthaft um den Natur- und Artenschutz bemühen, verfügen nur wenige über konkrete Natur- und Artenschutz-Programme, für die dann auch nur ein winziger Anteil des verfügbaren Budgets ausgegeben wird. So gab beispielsweise der Zoo von San Diego an, in einem Zeitraum von 10 Jahren 55 Millionen US-Dollar für Werbezwecke, aber nur 17,6 Millionen Dollar für Studien zum Schutz und zur Erhaltung von Wildtieren ausgegeben zu haben.

Es gibt wenige Indizien für die Annahme, dass Auswilderungs- und Rücksiedlungs-Programme von ehemaligen Zootieren erfolgreich wären. Während die Rücksiedlung der arabischen Oryxantilopen und der Löwenäffchen in Brasilien erfolgreich verlief, gab es nur wenige andere Programme, die ähnliche Erfolge zu verzeichnen hätten. Seit 1900 waren von 145 einzelnen Rücksiedlungen, die Angehörige von 126 verschiedenen Spezies betrafen, nur 16 (11 %) erfolgreich. 1995 klagte Benjamin Beck, der später den Vorsitz der Rücksiedlungs-Beratungsgruppe der AZA übernahm: „… wir müssen an diesem Punkt offen eingestehen, dass es keine überwältigenden Beweise für eine erfolgreiche Rücksiedlung gibt." Ein Jahr später bemerkte Beck, dass unser Wissen noch nicht ausreiche, um erfolgreiche Rehabilitations- und Entlassungs-Programme von Affen in Gefangenschaft zu gewährleisten.

Vicki Croke stellt in ihrem Buch „The Modern Ark: The Story of Zoos: Past, Present and Future" überzeugend dar, dass jeder Zoodirektor, der behauptet, dass die Stärke der Zoos in dem Überlebensplan von Tierarten (SSP = Species Survival Plan) liege, maßlos übertreibt. Die Möglichkeiten der Zoos, Tierarten zu retten und zu erhalten, entsprechen demnach gegenwärtig nicht der Realität.

Der Philosoph Dale Jamieson stellte fest, dass Zoos im Grunde nur Orte seien, die den Menschen ermöglichten, Tiere zu sehen, Orte, die man am Wochenende zur Unterhaltung aufsucht. Die Besucher können Popcorn essen, die Tiere betrachten und möglicherweise belästigen, indem sie an die Gitter schlagen und die Tiere durch Geräusche ängstigen. Es gibt wirklich keinen stichhaltigen Beweis dafür, dass Menschen viel über Tiere gelernt hätten, wenn sie den Zoo verlassen, und es mangelt ebenso an Indizien dafür, dass Menschen viel Geld oder Zeit opfern würden, um Tieren zu helfen, nachdem sie sie im Zoo, im Wildpark oder im Aquarium gesehen haben. Vielmehr hat sich gezeigt, dass Menschen mehr über Tiere lernen und sensibler für die Notlage gefangener Tiere werden, wenn sie sich zu Hause Filme und Videos über Wildtiere ansehen.

Jamieson argumentiert ferner, dass Zoos, wenn es ihnen wirklich darum ginge, einige Tiere auf Rücksiedlungs- oder Auswilderungs-Programme vorzubereiten, den Kontakt zu Menschen einschränken und den Tieren stattdessen größere Freigehege zur Verfügung stellen würden, die ihren natürlichen Lebensräumen ähnelten. Die Tiere müssten unter Umständen in einer für Zuschauer schockierenden Weise auf das Töten von Beutetieren vorbereitet werden. Der Schimpansenexperte Roger Fouts glaubt, dass das Wohlergehen der Tiere auf der Prioritätenliste von Zoos und Wildparks höher angesiedelt würde als ihre öffentliche Zurschaustellung, wenn es diesen Einrichtungen wirklich um das Wohlergehen und den Schutz der Tiere ginge. Natürlich hätte dies zur Folge, dass weniger Geld in die Kassen flösse und Zoos und Wildparks finanzielle Probleme bekämen. Dennoch ist die Kritik von Fouts berechtigt: Wenn Zoobetreiber sagen, dass die Tiere an erster Stelle stehen, sollten sie ihre Worte zum Wohle und Nutzen der Tiere auch in die Tat umsetzen.

Zoos als lukratives Geschäft: Das Geld zählt

Die Existenz von Zoos und Wildparks bringt viele wichtige und schwierige Fragen mit sich. Es gibt deshalb viele ethische Bedenken, weil Zoos ein Geschäft sind, bei dem es in erster Linie um Geld geht. Die Kosten für die ‚Anschaffung' und ‚Gefangenhaltung' der Tiere sind enorm, und die Frage, ob es nicht besser wäre, das bisher für die Gefangennahme, den Transport und die Gefangenhaltung der Tiere ausgegebene Geld sinnvoller zu nutzen, ist berechtigt. Möglicherweise lernen wir weit mehr über die Tiere, wenn wir uns stärker auf die Erforschung des Lebens der verschiedenen Tierarten in der Wildnis und die Erhaltung ihrer Lebensräume konzentrieren.

Welche Tiere ein Zoobesucher vorfindet und unter welchen Bedingungen diese Tiere gehalten werden, hängt letztlich davon ab, über welche finanziellen Mittel ein Zoo verfügt. Für die Tiere selbst wird nicht viel Geld ausgegeben, aber die Etats für Werbung und Öffentlichkeitsarbeit können sich sehen lassen. Susan Davis weist in ihrem sorgfältig recherchierten Buch „Spectacular Nature: Corporate Culture and the Sea World Experience" darauf hin, dass die von Sea

World (eine Art Delphinarium) dargestellten Attribute der Natur einem konstruierten Firmen-Image entsprechen: „Sea World ist weniger ein Ersatz für die Natur als vielmehr eine Ansicht der Natur, ein Versuch, ein breites Publikum davon zu überzeugen, dass mit der Natur alles in Ordnung sei." Die Autorin beschreibt Sea World als eine „Maschine, die davon profitiert, Menschen ihre Träume gegen Bezahlung zurückzugeben – Träume von einer glücklichen Familie, von sympathischen öffentlichen Plätzen frei von Sorgen, einer friedlichen Gemeinschaft ..." Die meisten Besucher glauben das allerdings, wenn überhaupt, nur für einen kurzlebigen Moment. Das Personal von Sea World entscheidet, welche Neuigkeiten es gibt. Anzeigen von neuen Tieren und neuen ‚Tierausstellungen' eignen sich hierfür bedeutend besser als Berichte über Tierrechts-Demonstrationen oder den Tod von Tieren.

Vicki Croke schreibt: „Der Zoo ist kein Fenster zur Natur, sondern eher ein Prisma, welches das Licht entsprechend der Kultur bricht, in der es eingesetzt wird." Die Art und Weise, wie Gelder in Zoos zum Einsatz kommen, steht in enger Beziehung dazu, wie eine bestimmte Kultur Tiere betrachtet.

Zoos und die Herrschaft über Tiere: Depressionen und ‚Käfig-Koller'

Auch die besten Zoos, Wildparks und Aquarien sind größtenteils Beispiele der Ausbeutung und Herrschaft der Menschen über die Tiere. Würde man die Tore der Zoos öffnen, würde sich nach kurzer Zeit vermutlich kein Tier mehr im Zoo aufhalten. Es ist unbestreitbar, dass viele Zootiere depressiv werden. Sie langweilen sich, laufen mechanisch auf und ab, verfallen häufig in selbstzerstörerisches Verhalten und sind unglücklich und niedergeschlagen. Sie kriegen den ‚Käfig-Koller'. Vicki Croke folgert: „Während der Zoo ein faszinierender Ort zum Besuchen sein kann, kann er ein furchtbar langweiliger Ort zum Leben sein."

Einige beachtenswerte Fragen über Zoos und die Gefangenhaltung von Tieren

Verändert diese kurze Darstellung der Hintergründe Ihre Einstellung gegenüber Zoos und Wildparks? Gibt es irgendwelche Vorteile für die Tiere, die es rechtfertigten, dass Menschen sie ihrer Freiheit berauben, indem sie die Tiere in Käfigen oder in Becken mit Chlorwasser halten? Versuchen Sie einmal, eine Liste mit Vor- und Nachteilen von Zoos zu erstellen und über Verbesserungsmöglichkeiten für die im Zoo lebenden Tiere nachzudenken. Sind Sie der Meinung, dass Zoos weiterhin existieren oder nach und nach aufgelöst werden sollten? Macht es einen Unterschied, ob die im Zoo lebenden Tiere dort geboren wurden oder ob sie in der Wildnis gefangen und in den Zoo gebracht wurden? Glauben Sie, dass die einst wilden Tiere vermissen, was sie einmal hatten? Ist es richtig, Tiere auch dann in Gefangenschaft zu halten, wenn es sehr unwahrscheinlich ist, dass diese Tiere jemals in die Wildnis entlassen werden können? Jane Goodall hat in allen Teilen der Welt wiederholt darauf hingewiesen, dass mehr Lebensraum benötigt wird, um Große Menschenaffen zu schützen. Ähnliches gilt auch für andere Tiere, z. B. für Wölfe. Die Hauptursache für diesen Mangel an geeignetem Lebensraum ist die Überpopulation der Menschen.

Ein weiteres Problem bei der Gefangenhaltung ehemals wilder Tiere besteht darin, dass einige dieser Tiere ‚lebendes Futter' benötigen. Ist es in Ordnung, der Tötung von Individuen zuzustimmen, um fleischfressende Tiere mit diesen ‚Beutetieren' zu füttern? Eine von Raymond Ings, Natalie Warren und Robert Young durchgeführte Befragung von zweihundert Besuchern des Zoos von Edinburgh in Schottland ergab, dass alle Besucher es für richtig hielten, lebende Insekten an Eidechsen zu verfüttern, sofern dies ohne Publikum geschehe, und 96 % der Besucher hatten auch keine Einwände gegen eine ‚öffentliche Verfütterung' der Insekten. Der öffentlichen Verfütterung von lebenden Fischen an Pinguine stimmten 72 % der Befragten zu, während 84,5 % eine nicht-öffentliche Verfütterung lebender Fische in Ordnung fanden. Nur 32 % waren hingegen dafür, der Verfütterung lebender Kaninchen an Jagdleoparden beizuwohnen, während 62,5 % der Besucher dies unter Ausschluss des Publikums akzeptierten. Generell protestierten in erster Linie Frauen gegen die Verfütterung lebender Wirbeltiere. Offenbar gingen einige der Befragten von einer Spezieshierarchie aus, derzufolge sie, wenn auch unbewusst, zwischen ‚höheren' und ‚niederen' Arten unterscheiden. Viele Menschen begrüßten sogar die Verfütterung lebender Beutetiere, weil ihnen diese Fütterungsform besonders natürlich erscheint. Diejenigen Besucher, die sich gegen diese Form der Fütterung aussprachen, begründeten dies mit der Angst, dass es sie selbst oder ihre Kinder beunruhigen könnte. *Ethische Belange schienen in diesem Zusammenhang so gut wie keine Rolle zu spielen.*

Solange Zoos existieren, ist es unbedingt erforderlich, die Qualität dieser Einrichtungen zu verbessern, um den dort lebenden Tieren das bestmögliche Leben in Gefangenschaft zu gewähren. Als ‚Hüter' der Tiere schulden wir ihnen uneingeschränktes Mitgefühl, Schutz und Respekt.

Kapitel 10
Ist die Wildnis wirklich gut für Tiere?

Die ‚Grausamkeit' der Natur und das Eingreifen in das Leben wilder Tiere

Die meisten Menschen glauben, dass nur Menschen anderen Lebewesen gegenüber Verpflichtungen haben. Tiere können nicht zwischen ‚richtig' und ‚falsch', zwischen ‚gut' und ‚böse' unterscheiden. Nur weil ein Tier etwas tut, was Menschen ‚nett' oder ‚niedlich' finden, wenn ein Tier sich beispielsweise liebevoll um den eigenen oder fremden Nachwuchs kümmert oder sich für einen Freund in einen Kampf einmischt, heißt das nicht, dass das Tier um unsere Bewertung seiner Handlung weiß. Ebenso wenig können wir sagen, dass ein Tier etwas Falsches tut, wenn es sich in einer von Menschen als negativ oder schlecht bezeichneten Weise verhält, wenn also zum Beispiel ein Wolf einen Elch tötet. Der Fall eines seltenen weißen Königstigers, der im Zoo von Miami, Florida, einen Wärter tötete, verdeutlicht einige wichtige Aspekte hinsichtlich der Speziesunterschiede und des Wissens um ‚richtige' und ‚falsche' Verhaltensweisen. Nachdem der Wärter getötet wurde, entschied man, den Tiger nicht zu bestrafen oder gar zu töten, weil der Tiger sich nur seiner Natur entsprechend verhalten habe. Er war deshalb nicht für seine Tat verantwortlich, weil er nicht zwischen ‚richtig' und ‚falsch' unterscheiden kann. (Ich erinnere in diesem Zusammenhang daran, dass Wölfe nach erfolgter Rücksiedlung häufig getötet werden, weil sie sich ihrer Natur entsprechend verhalten und z. B. Vieh töten, um sich zu ernähren.)

Philosophen weisen Tieren den Status von ‚Moral-Empfängern' (‚moral patients') zu, während Menschen, die in der Lage sind, frei über ihr Handeln zu entscheiden und unter anderem die Fähigkeit besitzen, Moralprinzipien zu formulieren und anzuwenden, als ‚moralisch Handelnde' (‚moral agents') bezeichnet werden. Das bedeutet, dass Tiere als ‚moral patients', sofern sie Rechte haben, auch einen Anspruch auf eine bestimmte Behandlung haben. Menschen, die für ihre Handlungen verantwortlich sind, müssen demgegenüber als ‚moral agents' agieren und den entsprechenden Verpflichtungen nachkommen. Kinder und alte Menschen, die keine Verantwortung für ihr eigenes Leben übernehmen können, können auch nicht für das Leben anderer Menschen oder Tiere verantwortlich gemacht werden. Sie sind demnach keine ‚moral agents', sondern ‚moral patients'.

Wann immer Menschen sich in das Leben von wilden Tieren einmischen, ist es wichtig, sich zu fragen, ob diese Einmischung gerechtfertigt werden kann. Es gibt viele Gründe, mit denen Menschen ihr Eingreifen in das Leben wilder Tiere begründen, angefangen bei tiefer Betroffenheit und dem Wunsch, Wildtieren zu helfen, bis hin zu oberflächlichen oder selbstsüchtigen Rechtfertigungen, die kaum oder gar nicht von Bedeutung sind. So versuchte beispielsweise der Direktor des Ocean Journey Aquariums in Denver (Colorado) die Haltung von Fischen in Becken damit zu rechtfertigen, dass „Fische eine sehr begrenzte Welt hätten ... Man kann es also so sehen, dass sie drei sättigende Mahlzeiten und freie Krankenversicherung erhalten." Wie ich bereits erwähnte, zeigen viele Forschungsergebnisse, dass auch Fische Schmerz und Leid empfinden können. Die Aussage, dass die Welt der Fische sehr begrenzt sei, zeugt von einer extrem menschenbezogenen Ansicht ihrer Welt. Die ‚Lebenswelten' vieler Tiere sind sehr weit ausgedehnt, mannigfaltig und komplex. Die ‚Lebenswelten' der Menschen sind, verglichen mit vielen anderen Tieren, eher klein und begrenzt.

Für wen wird also diese neue Anlage angeschafft? Sicher nicht für die Tiere. Danke, aber die Tiere brauchen keine weiteren Bassins. Man könnte außerdem fragen, warum irgendjemand dafür bezahlen sollte, Fische zu sehen, wenn ihre Welt wirklich derart begrenzt und ihr Leben so uninteressant wäre. Mittlerweile steckt das ‚Ocean Journey Aquarium' in finanziellen Schwierigkeiten, und viele der dort lebenden Tiere sind bereits im ersten Geschäftsjahr gestorben.

Francis Crick, der für seine Arbeit über den Aufbau von genetischem Material, der DNA, den Nobelpreis erhielt, hält es für „sentimental, Tiere zu idealisieren". Das Leben in Gefangenschaft sei für viele Tiere besser – länger und weniger brutal – als das Leben in der Wildnis. Die Ansicht, dass wir Tieren einen Gefallen täten, wenn wir sie in Käfige oder Becken sperren, ist engstirnig, anthropozentrisch und speziesistisch. Wenn Gefangenschaft so wundervoll ist und wenn die eingesperrten Tiere so glücklich über freie Mahlzeiten, Krankenversicherung und den Schutz vor den Gefahren der Natur sind, warum bietet man das nicht auch Menschen an? Es gäbe sicher viele Freiwillige. Diese Argumentationsweise könnte leicht zu der Schlussfolgerung führen, dass wir besser alle Tiere einsperren oder alle Wildtiere töten sollten, bevor sie durch die grauenhaften Tücken der Natur zu Tode kommen.

Die Menschen, die behaupten, dass die Natur nicht der ideale Ort für Tiere sei, weil sie unter Krankheiten, Verletzungen, Hunger, anderen Raubtieren und dem Eindringen der Menschen zu leiden hätten, halten offenbar das, was Menschen gefangenen Tieren bieten, für besser als das, was die Natur zu bieten hat. Diese Sichtweise tendiert jedoch sehr zu menschenbezogener Kontrolle und Führung. Wir sollten die Tatsache respektieren, dass Tiere sich in der Natur entwickelt haben. Natürlich kann das Leben ‚da draußen' hart sein, aber es ist doch zu trivial, einfach zu behaupten, dass wir den Tieren sogar einen Gefallen täten, wenn wir sie deshalb ‚hier drinnen' einsperren und dann versuchen, ihr verarmtes Leben künstlich zu bereichern.

Es ist in diesem Zusammenhang wichtig, nicht zu vergessen, dass Tiere sich nicht in Käfigen oder Gehegen entwickelt haben. Käfigtiere können nicht frei umherstreifen und sie können nicht selbst entscheiden, wie sie leben möchten und ob sie die ‚Schwierigkeiten', die die Wildnis mit sich bringt, in Kauf nehmen wollen. Wildtiere empfinden

Schmerz und Leid, und ihr Leben ist nicht so glanzvoll, wie manche Menschen es darstellen, aber sie sind dennoch frei, und sie sind durchaus in der Lage, das Leben freier Individuen zu leben.

Es gibt auch Menschen, die der Auffassung sind, dass z. B. ein Wolf in einem Gehege aufgrund der vielen Einschränkungen, die das Leben in Gefangenschaft mit sich bringt, kein ‚richtiger' Wolf sei. Natürlich gehört das Tier zur Gattung der Wölfe, aber es hat nicht die Freiheit, das Leben eines wilden Wolfs zu leben. Dieses Individuum hat keine Möglichkeit, in einer natürlichen sozialen Gruppe von Familienangehörigen oder Freunden zu leben oder auf die Jagd zu gehen. Ohne Zweifel könnte das Tier in der Wildnis verhungern, unter Krankheiten leiden oder möglicherweise von einem Menschen getötet werden, und natürlich haben Tiere auch in Gefangenschaft noch viele dieser ‚Gelegenheiten'. Da aber die meisten Stressfaktoren in der Wildnis natürlichen Ursprungs sind, können wir durchaus annehmen, dass den Tieren der Umgang damit vertraut ist, zumal sie ihr Verhaltensrepertoire auch in der Wildnis entwickelt haben.

Ich bin der Auffassung, dass wir die Wildtiere – von außergewöhnlichen Umständen abgesehen – nicht stören sollten, selbst wenn diese Tiere in der Wildnis mit Situationen konfrontiert werden können, die ihnen Schmerz oder Leid durch Krankheit oder durch Angriffe anderer Tiere zufügen. Vicki Croke berichtet von einem Witz, der in der ‚Zoowelt' kursiert, dem zufolge die Tierrechtler Schluss mit der Wildnis machen würden, wenn sie um die Barbarei dort wüssten. Ich wage dies zu bezweifeln. Die meisten der mir bekannten Menschen, die die Tierrechtsposition unterstützen, wünschen sich natürlich nicht, dass Tiere unter den Gefahren der Natur zu leiden haben, aber deshalb würden sie trotzdem keine Programme unterstützen, die die Tiere aus der Wildnis in die Gefangenschaft befördern, um sie vor dem natürlichen Leben zu ‚schützen'.

Der Philosoph Paul Taylor hat viel über diese Thematik geschrieben und eine so genannte ‚Regel der Nicht-Einmischung' entwickelt. Dieser Regel zufolge haben Menschen die Pflicht, „wilde Kreaturen ihr Leben in Freiheit leben zu lassen", weil ein Eindringen „in die Domäne der natürlichen Welt ... die Existenz von Organismen als wilde Kreaturen beendet". Während es aussehen mag, als habe es ein Wolf in Gefangenschaft besser als sein wilder Artgenosse, der hungert, weil es an Beute mangelt oder weil er ein untergeordnetes Mitglied seines Rudels ist, wird der einst wilde Wolf nur noch seiner Spezieszugehörigkeit nach Wolf bleiben, sobald er in Gefangenschaft leben muss, selbst wenn er zuvor hungern musste. Er ist kein Wolf im eigentlichen Sinne, kein wildes Lebewesen mehr, welches das für seine Spezies typische Leben lebt.

Wir könnten durch die Gefangennahme der Tiere sogar mehr Schmerz und Leid über sie bringen, als sie in der Wildnis zu erleiden hätten, wobei die Art von Schmerz und Leid je nach Unterbringung der Tiere variiert. So verbessert sich beispielsweise das Leben eines Tigers, von seltenen Ausnahmen abgesehen, keineswegs, wenn man ihn in einen Zoo sperrt. Auch wenn das Futter für ihn geliefert wird, hat die Jagd in der Evolution von Tigern eine große Rolle gespielt und ist für seine Art zu leben unentbehrlich. Auch seine Bewegung wird stark beschränkt, und für Tiere, die normalerweise auf der Suche nach Nahrung und Schutz umherstreifen, bedeutet Gefangenschaft eine massive Verarmung ihres Lebens. Es ist außerdem unklar, ob Tiere in Gefangenschaft länger und gesünder leben als ihre wilden Artgenossen. So haben gefangene und wilde Affen beispielsweise ein vergleichbares Gewicht, aber besonders die gefangenen männlichen Tiere leiden eher an Fettleibigkeit als ihre wilden Verwandten, was auf Stress, Untätigkeit und Langeweile zurückzuführen ist.

James Kirkwood, ein britischer Zoologe, präsentiert gut durchdachte Ansichten hinsichtlich des Wohlergehens wilder Tiere und befasst sich unter anderem mit der Frage, ob wir im Namen der Tiere in das Leben freilebender Wildtiere eingreifen sollten, und wenn ja, wie und in welchem Ausmaß. Während Kirkwood erkennt, dass es verschiedene Sichtweisen dieses wichtigen Problems gibt, betont er, dass „die meisten wahrscheinlich zustimmen würden, dass, wenn Wildtiere durch die jüngsten Umweltveränderungen der Menschheit (wie z. B. durch verunglückte Öltanker, Hochspannungsleitungen, Straßenbau und die Umweltverschmutzung) geschädigt werden, ein vernünftiger Grund vorliegt, zum Wohle der Tiere einzuschreiten".

Er verweist in diesem Zusammenhang auch auf das tierärztliche Eingreifen, um verletzte oder kranke Tiere zu behandeln, und fordert einen internationalen Kodex für das fürsorgliche Eingreifen in das Leben von Wildtieren, welcher Richtlinien für ethische Entscheidungen, Verfahrensweisen und Standards liefert.

Afrikanische Wildhunde: Wer weiß, was passiert ist?

Eines der sichtbarsten und strittigsten Beispiele der möglichen Auswirkungen des menschlichen Eingreifens in die Population wilder Tiere betrifft die Notlage der Afrikanischen Wildhunde, jener buntgefleckten Hunde mit großen Ohren. Verfügbare Informationen zu diesem Thema wurden jüngst in dem Buch „The African Wild Dog", herausgegeben von Rosie Woodroffe, Joshua Ginsberg und David Macdonald, zusammengestellt und analysiert. Trotz der Bemühungen zahlreicher Wissenschaftler besteht weiterhin Unklarheit darüber, ob und inwieweit das Eingreifen des Menschen als Ursache für den drastischen Rückgang der Population dieser großartigen Tiere anzusehen ist.

Einen Eingriff in das Leben von Wildhunden stellt beispielsweise die Impfung der Tiere gegen Tollwut und Staupe dar. Während einige Wissenschaftler davon ausgehen, dass die Behandlung und Impfung dieser Tiere für ihren Rückgang verantwortlich ist, weil die Behandlung das Immunsystem der Hunde schwächt und sie weniger widerstandsfähig gegen

Stress macht, behaupten andere, die die gleichen Daten verwenden, genau das Gegenteil. Hier haben wir ein nützliches Beispiel kluger und interessierter Wissenschaftler, die sich allesamt sehr um die Afrikanischen Wildhunde zu sorgen scheinen, aber nicht in der Lage sind, die Ursachen für den Rückgang dieser Tiere herauszufinden. Wie sollten sich die Wissenschaftler verhalten? Sollten sie sich einmischen und damit möglicherweise den Tod der Tiere herbeiführen, oder sollten sie die Natur weitestgehend sich selbst überlassen? Hätten wir eine größere Verpflichtung, den Wildhunden zu helfen, wenn die Verbreitung von Tollwut und Staupe auf domestizierte Haushunde, die es ohne den Menschen nicht gegeben hätte, zurückzuführen wäre, als wenn Tollwut und Staupe natürlich entstanden wären?

Einige schwierige Fragen bezüglich des Eingreifens von Menschen

Beispiele wie diese bedürfen einer ernsthaften Erörterung. Ich bin der Meinung, dass Menschen nur unter bestimmten Umständen in das Leben von Wildtieren eingreifen sollten. Wie denken Sie darüber? Glauben Sie, dass wir verpflichtet wären, im Namen der Tiere einzugreifen, wenn die betroffenen Tiere oder irgendein anderes Individuum (indirekt) durch eine vom Menschen vorgenommene experimentelle Manipulation oder durch die bloße Anwesenheit von Forschern geschädigt würden? Möglicherweise gibt es Forschungsprojekte, die nicht durchgeführt werden sollten, solange wir nicht wissen, welchen Einfluss sie auf das Leben der betroffenen Tiere haben. Wäre dies ein gangbarer Weg für die Zukunft?

Es ist schwer, zwischen dem, was wir tun sollten, und dem, was die Natur selbst tut, zu unterscheiden. Die Brutalität der Natur kann nicht als Rechtfertigung für unseren Umgang mit nicht-menschlichen Lebewesen herangezogen werden. Wollen wir wirklich eine Ethik, die die Behandlungsweise von Tieren durch Menschen gutheißt, solange diese besser ist als das, was die Natur normalerweise für diese Individuen bereithält? Ich glaube nicht.

Eine weitere wichtige und häufig gestellte Frage lautet, ob das von Menschen verursachte Tierleid geringer oder vergleichbar ist mit dem, was den Tieren in der Wildnis widerfahren könnte, und wenn dem so sei, ob es dann zulässig wäre, ihnen diese Schmerzen zuzufügen. Da wir nicht wissen, wie die meisten Tiere in freier Natur Schmerz erleben, ist es schwer zu ermessen, inwieweit sich diese Empfindungen mit den von Menschen herbeigeführten Schmerzen vergleichen lassen. *Wir müssen uns davor in Acht nehmen, die vermeintliche Grausamkeit der Natur als Rechtfertigung für unsere grausame Behandlung von Tieren zu benutzen.*

Kapitel 11
Tiere als Lebensmittel: Es gibt Alternativen

Eine der gängigsten Tiernutzungsformen ist die Verwendung von Tieren zu Nahrungszwecken. In den USA gibt es etwa 5 Millionen Milchkühe, in Deutschland etwa 4,7 Millionen. Die jährliche ‚Milchleistung' beträgt pro Kuh 6160 kg (Statistisches Bundesamt, Agrarbericht 2001, Materialband – siehe: www.agrar.hu-berlin.de/wisola/fg/lp/06_daten/rinder_03.html). Milchkühe müssen jedes Jahr ein Kalb gebären und werden während ihrer neunmonatigen Schwangerschaft sieben Monate lang gemolken, was eine erhebliche körperliche und psychische Belastung für die Tiere darstellt. Die Kälber werden den Müttern unmittelbar nach der Geburt weggenommen, damit sie die für sie bestimmte Muttermilch nicht trinken. Die Milchkühe werden zu Milchmaschinen degradiert, denen man das Recht, auch Mütter sein zu dürfen, die sich fürsorglich um ihre Kinder kümmern, einfach abspricht.

Das Fleisch von Tieren ist ebenfalls sehr beliebt. Jedes Jahr werden Milliarden von Tieren gezüchtet, transportiert und in Schlachthöfe gebracht, wo sie darauf warten müssen, getötet zu werden (und oft genug mit ansehen und anhören müssen, wie andere Tiere brutal geschlachtet werden). Wie bereits erwähnt, werden allein in den Vereinigten Staaten jährlich 93 Millionen Schweine, 37 Millionen Rinder, 2 Millionen Kälber, 6 Millionen Pferde, Ziegen und Schafe und fast 10 Milliarden Hühner und Puten geschlachtet (siehe: www.aavs.org). Das entspricht einer Tötung von etwa dreihundert Tieren pro Sekunde zu menschlichen Nahrungszwecken. Schätzungen zufolge sterben außerdem über 780 Millionen Hühner, 116 Millionen Puten, 1,8 Millionen Rinder, 2,8 Millionen Kälber, 15,1 Millionen Schweine und 1,2 Millionen Schafe, bevor sie den Schlachthof überhaupt erreichen („The Farm Report", 1997). Allein die Zahl der Schweine, die während des Tiertransports zum Schlachthof totgetrampelt werden oder an Herzversagen sterben, beläuft sich in Deutschland auf etwa 400 000 Tiere pro Jahr (siehe z. B. Schmidt, W. R.: „Leben ohne Seele"; Walden, S. , Bulla, G.: „Endzeit für Tiere"; Karremann, M., Schnelting, K.: „Tiere als Ware").

Aufgrund der Entwicklung der umfangreichen Industrie, die sich der ‚Geflügelproduktion' widmet, zählen Geflügel und Eier heute zu den meistverkauften und günstigsten ‚tierischen Lebensmittelprodukten'. Die Vögel werden in winzige, karge Batterie-Käfige gesperrt und der Möglichkeit, ihre natürlichen Verhaltensweisen auszuleben, beraubt. Die Tiere können weder umherlaufen noch im Sand baden oder nisten. Vielen Vögeln werden außerdem Teile des Schnabels abgetrennt, um Verletzungen und Tötungen von Tieren durch Federpicken und Kannibalismus zu reduzieren. Mittels einer heißen Klinge oder eines speziellen Schneidegeräts wird ungefähr die Hälfte des Schnabels entfernt. Diese Prozedur ist für die betroffenen Vögel mit intensiven und langwierigen Schmerzen verbunden. Darüber hinaus erkranken die eingepferchten Vögel häufig an Osteoporose (Knochenschwund), was sowohl auf die mangelnde Bewegung der Tiere als auch auf einen Kalziummangel zurückzuführen ist, der aus der hohen ‚Eierlege-Rate' resultiert. Ungefähr 25 % der Hennen weisen Knochenbrüche auf, wenn sie aus den Käfigen geholt werden, um zu den ‚Verarbeitungsbetrieben' transportiert zu werden. Heute legt eine Henne über 300 Eier pro Jahr, während die ‚Legerate' 1925 bei jährlich 170 Eiern lag.

Die Tiere, die wir zu Nahrungszwecken nutzen, leiden teilweise ihr ganzes Leben unter seelischen und körperlichen Schmerzen. Häufig wird das Leid der Tiere durch Methoden, die zur Verbesserung der Qualität des ‚Endprodukts' angewandt werden, noch verstärkt. Tierliche Individuen werden für den menschlichen Konsum gemästet, indem die Tiere auf engstem Raum gehalten und mit verschiedenen Hormonen ‚versorgt' werden. Hühner, die zum Verzehr bestimmt sind (so genannte ‚Brathähnchen') erreichen ihr ‚Marktgewicht' heute bereits in sechs anstatt zuvor in sechzehn Wochen. Viele der Tiere sterben an Stress oder Krankheiten, bevor sie geschlachtet werden. Oft werden Hühner und Puten bei vollem Bewusstsein mit dem Kopf nach unten durch ‚elektrische Wasserbäder' gezogen, die sie vor der Schlachtung nur unzureichend betäuben. Schweine und Rinder sollen ‚eigentlich' betäubt werden, bevor man sie kopfüber an den Hinterbeinen aufhängt, ihre Bäuche aufschlitzt und sie ausbluten lässt, aber oft genug sind sie während der gesamten Prozedur bei Bewusstsein.

Außerdem bringt der Einsatz von Gentechnik Tiere hervor, die größer und ‚fleischreicher' sind. Auf die Rechte dieser ‚größeren und besseren Tiere' wird ebenso wenig Rücksicht genommen wie auf die Rechte ihrer ‚normalen' Verwandten. Milchkühe, die mit einem Wachstumshormon (rBGH) stimuliert werden, können bis zu 25 Liter Milch pro Tag geben, was etwa dem Doppelten der normalen Menge entspricht. Die Kühe leiden an Euterinfektionen und werden mit Antibiotika behandelt, um trotzdem weiter für ihre Milch ausgebeutet werden zu können. Die Antibiotika können in die Milch gelangen und so vom Menschen konsumiert werden.

Kühe, Getreide und hungernde Menschen

Tiere, die für den menschlichen Konsum gezüchtet werden, benötigen eine Menge Futter und Land. Um beispielsweise einen durchschnittlichen Fleischesser zu ernähren, braucht man zwischen acht und neun Kälber pro Jahr. Zum Anbau von Futterpflanzen, Getreide oder Sojabohnen wird für jede Kuh pro Jahr eine Fläche von ca. 4000 m^2 benötigt. Demnach erfordert der durchschnittliche Fleischkonsum eines Menschen eine Gesamtfläche von 36 000 m^2 zum Anbau der Futterpflanzen, während 2000 m^2 ausreichen, wenn man kein

Fleisch isst. Die Menge an Getreide, die zur Fütterung der Tiere gebraucht wird, um den Fleischkonsum eines Menschen zu befriedigen, könnte stattdessen benutzt werden, um ungefähr zwanzig Menschen ein Jahr lang mit genug Getreide zum Leben zu versorgen.

Allein in den USA benötigt das Vieh eine Menge an Getreide und Sojabohnen, die ausreichen würde, um über eine Milliarde Menschen zu ernähren. Um ein Pfund Rindfleisch zu ‚produzieren', werden 16 Pfund Getreide benötigt. Eine Reduktion des Fleischkonsums von nur 10 % würde zu einem Mehrertrag von etwa 12 Millionen Tonnen Getreide für die menschliche Ernährung führen. Diese zusätzliche Getreidemenge könnte die meisten, wenn nicht sogar alle Menschen ernähren, die jedes Jahr am Hungertod sterben – und das sind über 60 Millionen Menschen!

Kalbfleisch und die öffentliche Meinung

Kalbfleisch, das von Milchkälbern stammt, die in so kleine Käfige gesperrt werden, dass die Tiere sich nicht einmal bewegen können, ist vielleicht das beste Beispiel des extremen Missbrauchs von Tieren zur ‚Nahrungsmittelproduktion'. Die meisten mit ‚Kunstmilch' (so genannten Milchaustauschern) aufgezogenen Kälber werden ihr ganzes Leben lang, also ungefähr 16 bis 18 Wochen, in winzige, etwa 60 cm breite Verschläge gesperrt und zweimal täglich mit einer Flüssignahrung gefüttert. Bevor sie getötet werden, wird die Nahrungsaufnahme unter das normale Maß reduziert, was zur Blutarmut der Tiere führt. Diese Blutarmut zeigt sich in einer hellen oder weißen Färbung des Fleisches, und diese Leichenblässe ist der wichtigste Faktor bei der Bewertung des Fleisches und des zu erzielenden Preises. Das Angebot und der Bedarf an derart ‚präpariertem' Kalbfleisch sank in den USA seit 1985 drastisch und hat sich nun auf einen Wert von etwa 800 000 Kälbern pro Jahr eingependelt, was einer Verminderung von über 400 % entspricht. *Die öffent-*

liche Empörung darüber, wie die Kälber behandelt werden, ist die Hauptursache für diesen Rückgang. Es wird deutlich, dass es einen Einfluss hat, was Menschen denken, und es ist unbedingt – auch in Anbetracht der BSE-Krise – erforderlich, den Druck auf die Kalbfleisch-Industrie aufrechtzuerhalten.

Jagen und Angeln

Jagen oder Angeln zu gehen bedeutet, töten zu gehen. Einer 1996 von Mark Duda, Steven Bissell und Kira Young veröffentlichten Umfrage zufolge gehen jährlich etwa 14 Millionen Amerikaner ab dem 16. Lebensjahr auf die Jagd, während rund 36 Millionen Amerikaner regelmäßig angeln. Es fällt auf, dass in erster Linie Männer diesen Aktivitäten nachgehen, wobei der Anteil an Frauen stetig zunimmt. Auch in Deutschland findet man nur eine geringe Zahl von Frauen unter den rund 340 000 Jagdscheininhabern, die der Deutsche Jagdschutzverband für das Jahr 2000 angibt. (Den Angaben des Bundesverbandes der Tierversuchsgegner – Menschen für Tierrechte e.V. zufolge lehnen hierzulande zwei Drittel aller Frauen die Jagd ab.) Noch beliebter scheint das Angeln zu sein: Die Zahl der Angler in Deutschland wird auf über zwei Millionen geschätzt.

Häufig dient das Jagen oder Angeln Nahrungszwecken, aber nicht immer ist das Ziel eine Mahlzeit. Manche Menschen betreiben auch Trophäen- oder Sportjagd (bzw. Trophäen- oder Sportangeln) und töten Tiere für den Nervenkitzel der Jagd, aber es gibt auch solche, die die Tiere nur jagen, ohne sie einzufangen oder abzuschießen. Angler werfen die gefangenen Fische zum Teil wieder ins Wasser und bestreiten, dass dies den Fischen Schaden zufügt. Um den Bedarf an Fisch zu decken, wurden beispielsweise über 150 Spezies aus fremden Regionen nach Nordamerika gebracht. Viele Fische werden in Brutanstalten aufgezogen, die im Wesentlichen Zoos gleichen, in denen die Tiere gefangen gehalten, ausreichend gefüttert und versorgt werden, bis sie freigelassen werden, um Anglern als Beute zu dienen. Die Einführung dieser Spezies hat das ökologische Gleichgewicht in vielerlei Hinsicht verändert. Die eingeführten Spezies haben Krankheiten unter den natürlichen Populationen verbreitet oder einheimische Spezies vertrieben oder reduziert. Aufgrund des nachteiligen Effekts, den die Einführung ‚fremder' Fische auf die Ökosysteme und ihre Bewohner hat, bedarf es dringend einer neuen Ethik für den Bereich der Fischzucht.

Sowohl bei der Jagd als auch beim Angeln geht es um die Tötung von Tieren mit Gewehren und anderem Gerät, gegen das die Tiere keine natürliche Abwehr entwickelt haben. Kein Tier der Welt kann sich angemessen gegen einen Menschen mit einem Gewehr, mit Pfeil und Bogen, mit einer Falle, die das Tier stranguliert oder verstümmelt, oder mit einem Angelköder, der extra zu dem Zweck, Fische zu täuschen, entwickelt wurde, wehren oder verteidigen.

Selbst wenn Menschen das Angeln damit rechtfertigen wollen, dass sie die gefangenen Fische wieder befreien, ist das nicht die Lösung des Problems, weil die Angelhaken den Fischen zum Teil erhebliche Verletzungen bereiten und die Tiere dann geschwächt in die Wildnis entlassen werden. Wie ich bereits erwähnte, können Fische Schmerz und Leid in ähnlicher Weise empfinden wie Säugetiere, einschließlich des Menschen. Die Stressreaktionen von Fischen auf Reize, die zu Unruhe und Angst führen, sind vergleichbar mit den Reaktionen von anderen Wirbeltieren. Außerdem weiß niemand, wie viele der Fische, die ins Wasser zurückgeworfen werden, sterben. Schätzungen zufolge sterben 5 bis 10 % der Forellen an Stress, nachdem sie nur von Menschen berührt wurden.

Auch wenn Menschen Tieren nur nachstellen, ohne sie zu töten, leiden die Tiere unter der Hetzjagd. Sie sind verstört und verängstigt. Patrick Bateson von der University of Cambridge hat nachgewiesen, dass von Hunden gejagte Rothirsche ähnliche Stresssymptome aufweisen wie extrem verängstigte Tiere. Gejagte Tiere wiesen von Beginn der Jagd an eine hohe Konzentration des Stress-Hormons Kortisol auf, die mit der Dauer der Jagd weiter anstieg. Die Muskeln der Tiere wiesen Verletzungen auf, und das gejagte Wild zeigte extreme Anzeichen von Erschöpfung. Nicht gejagte Tiere zeigten keine dieser Symptome und wiesen niedrige Konzentrationen von Stresshormonen auf. Ganz offensichtlich mögen die Tiere es nicht, gehetzt und gejagt zu werden. Stellen Sie sich vor, wie es wäre, um des Jagens willen gejagt zu werden, ohne zu wissen, ob und wann man gefangen wird und was dann passieren wird.

Vegetarismus: Eine gute Alternative zur Tötung von Tieren

Die meisten Menschen haben sich entschieden, Fleisch zu essen. Doch dazu gibt es viele Alternativen: Vegetarische Kost ist wesentlich gesünder als solche, die Fleisch enthält, insbesondere wenn das Fleisch zuvor mit verschiedenen Hormonen präpariert wurde oder wenn die Tiere vor ihrer Tötung großem Stress ausgesetzt waren. Der Ernährungswissenschaftler Colin Campbell fand bei einer Langzeit-Studie der Essgewohnheiten von Chinesen heraus, dass eine fettarme (10 bis 20 % der Gesamtkalorien) pflanzliche Kost das Risiko chronischer degenerativer Erkrankungen wie zum Beispiel verschiedener Krebsarten und Herzkrankheiten, die in westlichen Ländern weit verbreitet sind, erheblich verringern kann.

Aufgrund der Grausamkeiten, denen die Tiere durch den Fleischverzehr der Menschen ausgesetzt sind, entscheiden sich mittlerweile viele Menschen dafür, ihren Fleischkonsum zu reduzieren oder ganz auf den Verzehr von Fleisch zu verzichten. Sie versuchen, ihren Bedarf an Hamburgern und anderen ‚tierischen Produkten' von fünf- auf zweimal die Woche zu reduzieren, später dann von zwei- auf einmal im Monat, dann auf einmal in 2 Monaten usw. Damit tun Sie nicht nur sich selbst und den Tieren einen Gefallen, sondern tragen auch dazu bei, andere Menschen zu ernähren, die sonst unter Umständen verhungern müssten. Ich erinnere daran, dass schon eine 10-prozentige Reduktion des Fleischkonsums einen Mehrertrag von etwa 12 Millionen Tonnen Getreide zur menschlichen Ernährung gewährleisten würde. Diese zusätzliche Getreidemenge könnte die meisten der Menschen auf der Welt, die vor Hunger sterben (jährlich etwa 60 Millionen Menschen) vor dem Hungertod bewahren – vorausgesetzt, die Politiker würden für eine vernünftige Verteilung der Lebensmittel sorgen, die einige Länder im Überschuss produzieren, während sie anderswo dringend benötigt werden.

Es gibt viele Formen des Vegetarismus und ebenso viele Gründe, Vegetarier zu werden. *Lakto-Ovo-Vegetarier* essen Eier und Milchprodukte, aber kein Fleisch; *Lakto-Vegetarier* essen Milchprodukte, aber keine Eier und kein Fleisch; *Ovo-Vegetarier* essen Eier, aber keine Milch- und Fleischprodukte; *Veganer* essen weder Eier noch Milch- oder Fleischprodukte; *makrobiotische Vegetarier* ernähren sich von Vollkornprodukten, Gemüse, Bohnen und Miso; *Rohkostler* essen nur ungekochte, fleischlose Nahrung, und *Fruktarier* ernähren sich ausschließlich von Früchten, Nüssen, Samen und bestimmten Gemüsesorten.

Der Philosoph Michael Allen Fox listet die folgenden Argumente für den Vegetarismus auf: (1) Gesundheit; (2) die Reduzierung des Leidens und Sterbens der Tiere; (3) die unparteiische Förderung universellen Wohlergehens; (4) Umwelt- und Naturschutz; (5) die Förderung des universellen Mitgefühls und Miteinanders; und schließlich (6) religiöse Gründe. Fox betont, dass der Vegetarismus nicht nur als Mittel betrachtet werden sollte, um die Aufmerksamkeit auf die Beziehungen zwischen Mensch und Tier bzw. zwischen Mensch und Natur zu lenken, sondern auch als Wahl einer Lebenseinstellung, die aus moralischen und ökologischen Gründen zu bevorzugen ist.

Viele Menschen werden Vegetarier, ohne sich um das Wohlergehen der Nutztiere zu sorgen. Fragen Sie sich einmal selbst, was Sie tun könnten, um das Leben der Tiere, die zu

Nahrungszwecken gehalten und getötet werden, zu verbessern. Wenn Sie Fleisch essen, warum tun Sie es? Tun Sie es aus Gewohnheit oder weil Sie es tun wollen? Könnten Sie Ihren Verbrauch an Fleisch und anderen ‚tierischen Produkten' reduzieren? Könnten Sie sich vorstellen, mit anderen Menschen darüber zu sprechen, wie wichtig es ist, Tiere zu respektieren und dafür zu sorgen, dass sie nicht zu Nahrungszwecken getötet werden, wenn es nicht erforderlich ist? Indem Sie sich diese Fragen stellen, können Sie das Leben vieler Tiere wahrhaftig verändern.

Große Menschenaffen als ‚Buschfleisch': Was Holzfällen, Jagen und Gitarrenspiel miteinander zu tun haben können

In vielen Teilen der Erde ist das so genannte ‚Buschfleisch' (‚bushmeat'), also das Fleisch von wilden Tieren, die in den Wäldern eingefangen und getötet werden, ein weit verbreitetes, kommerziell genutztes Lebensmittelprodukt. Bevorzugt wird, neben Kängurufleisch, das Fleisch von Schimpansen und Gorillas. Ungefähr 20 % des ‚Buschfleisches' stammt von Primaten. Der Verzehr (der sogar in vornehmen europäischen Restaurants erfolgt) und der Handel dieser ‚Ware' stellt in einigen afrikanischen Wäldern die größte Bedrohung der Artenvielfalt dar. Im Kongobecken ist Buschfleisch für die Mehrzahl der dort lebenden Familien der Hauptlieferant für tierisches Eiweiß.

Es gibt einfach nicht genug Schimpansen oder Gorillas, um ihre Schlachtung zu Nahrungszwecken fortzusetzen. Einer Studie zufolge werden im Kika-Moloundou-Mabale-Dreieck in Kamerun jedes Jahr etwa 800 Gorillas getötet. Wenn in diesem 10 000 km^2 großen Gebiet nur insgesamt ca. 3000 Gorillas leben, ist die Tötung einer so großen Zahl von Gorillas nicht tragbar. Des Weiteren werden in derselben Gegend jährlich etwa 400 Schimpansen getötet. Demnach werden in einem vergleichsweise kleinen Gebiet jährlich 1200 Große

Menschenaffen getötet. Anthony Rose vom Biosynergy Institute in Hermosa Beach, Kalifornien, fand heraus, dass im letzten Jahr insgesamt über 3000 Gorillas und mehr als 4000 Schimpansen illegal abgeschlachtet wurden. Das entspricht dem fünffachen Bestand der Gorillas, die auf dem Berg Visoke in Ruanda leben, und dem zwanzigfachen Bestand an Schimpansen, die es in der Nähe des Gombe-Flusses in Tansania (dem Studiengebiet Jane Goodalls) gibt. Jedes Jahr übersteigt die Zahl der von Menschen verzehrten Großen Menschenaffen die Zahl der in allen Zoos und Forschungseinrichtungen weltweit gehaltenen Artgenossen.

Der Handel mit Buschfleisch ist ein Beispiel dafür, wie schwerwiegend sich menschliche Aktivitäten, die nicht miteinander in Beziehung zu stehen scheinen, sehr wohl gegenseitig beeinflussen. So ist beispielsweise die drastische Zunahme der Verfügbarkeit von Buschfleisch ein Ergebnis der zunehmenden Abholzung der Wälder. Abholzfirmen bauen neue Strassen, die in zuvor schwer erreichbare Gebiete führen, und sie erlauben Jägern, mit firmeneigenen Fahrzeugen in abgelegene Regionen vorzudringen, wo sich Gorillas, Schimpansen und andere große Tiere aufhalten. Die Jäger töten alle Tiere (bis auf die kleinsten) und bringen das Fleisch dann in die Holzfällercamps, wo ein Teil von den Holzfällern verzehrt wird. Das verbleibende Fleisch wird auf den städtischen Märkten verkauft. Somit steigt mit der zunehmenden Abholzung der Wälder auch die Anzahl der Individuen, die auf brutalste Weise abgeschlachtet werden. Mittlerweile gibt es Kampagnen, die den Transport von Buschfleisch durch Abholzfirmen unterbinden sollen.

Das Töten der Großen Menschenaffen ist in allen Ländern, in denen es derzeit praktiziert wird, illegal, aber nur wenige der Jäger wurden je bestraft. Obwohl es internationale Gesetze hinsichtlich der Tötung von Mitgliedern gefährdeter Arten (wie z. B. Schimpansen) gibt, ist es schwierig, die Jäger auf frischer Tat zu ertappen. Obwohl viele Menschen seit Jahren um die schädlichen Auswirkungen des Handels mit Buschfleisch wissen, wurde diesen Aktivitäten bis vor kurzem keine große Aufmerksamkeit geschenkt. Mittlerweile registrieren die meisten Naturschützer, dass es verheerende Auswirkungen auf die betroffenen Tierpopulationen hat, wenn die kommerzielle Buschfleisch-Jagd weitergeht. Demzufolge wächst derzeit das Interesse, den Buschfleisch-Handel zu unterbinden.

Die mit der Abholzung der Wälder verbundenen Probleme gibt es nicht nur in Afrika. Viele Ökobiologen unterstützen Programme, die die kommerzielle Abholzung in vielen Ländern beschränken, um den Schutz der Umwelt und der Tiere zu gewährleisten. Ein möglicher Weg, den Bedarf an Holz zu verringern, ist ein verantwortungsbewusster Umgang mit Holzprodukten. So sollte man sich beispielsweise beim Kauf von Holzprodukten nach der Herkunft des Holzes erkundigen oder sich auf anderen Wegen über das Ursprungsland informieren, um zu verhindern, dass das gekaufte Holz zum Sterben der Großen Menschenaffen oder anderer Tiere, die durch den Straßenbau leichter ausfindig zu machen und zu töten sind, beiträgt. So gibt es z. B. die Rescue Wood Bowl Company in Fort Collins (Colorado), die ein Zeichen setzt, indem sie nur gebrauchtes und recyceltes Holz verwendet.

Auch in der Musikwelt gibt es seitens der Gibson Guitar Company das Bestreben, das Holz aus den schwindenden Regenwäldern durch ‚künstliches Holz' zu ersetzen. Wer hätte gedacht, dass der Kauf einer Gitarre unmittelbar mit der Tötung von Tieren zusammenhängen kann, ganz zu schweigen vom Sterben der schönen Bäume und der Verminderung der Lebensräume?

Auch wenn viele von uns weit entfernt von den Orten leben, in denen Buschfleisch konsumiert wird, können wir gegen diese illegalen Aktivitäten protestieren, indem wir genau darauf achten, was wir kaufen, und indem wir unserer Empörung über dieses Gemetzel Ausdruck verleihen. Jeder von uns zählt, und wir alle können etwas erreichen, wenn wir gemeinsam handeln (vgl.: www.greatapeproject.org; www.primatis.de u. a.).

Kapitel 12
Tiere, Lidschatten und Pelz: Die Nutzung von Tieren zu Produktprüfungs- und Bekleidungszwecken

Neben der Tiernutzung zu Nahrungszwecken werden Millionen von Tieren, darunter Hunde, Katzen, Ratten, Mäuse, Meerschweinchen und Kaninchen zur Erprobung von Kosmetikprodukten wie Deodorants, Shampoos, Seifen und Augen-Make-up benutzt. Obwohl der Einsatz von Tieren für derartige Produktsicherheitstests nicht mehr vorgeschrieben ist, nutzen viele Firmen Tiere noch immer zu diesem Zweck. (Weder die United States Food and Drug Administration noch die Consumer Produkt Safety Commission verlangt, dass Tiere benutzt werden, um die Sicherheit der Produkte zu testen.)

Seit dem 1. Juni 1998 dürfen in Deutschland Kosmetikprodukte und ihre Rohstoffe nicht mehr in Tierversuchen geprüft werden. Es ist allerdings weiterhin möglich, im Tierversuch getestete Kosmetika und auch deren Inhaltsstoffe zu importieren.

Auf europäischer Ebene konnte ein Verbot von Tierversuchen zu diesem Zweck noch nicht durchgesetzt werden. Zwar wurde bereits 1993 eine Richtlinie verabschiedet, die ein Verbot ab dem 1. Januar 1998 vorsah und auch den Import tierexperimentell geprüfter Kosmetikprodukte untersagen sollte, doch wurde die Umsetzung dieses Vermarktungsverbots von der Europäischen Kommission verschoben und ist bis heute nicht erfolgt. Allerdings gibt es die Positivliste des Deutschen Tierschutzbundes sowie in der Schweiz das Tierrechts-Signet, aus denen die Verbraucher entnehmen können, welche Kosmetika weitgehend tierversuchsfrei entwickelt wurden.

Der ‚LD-50'–Test

Toxizitätstests werden durchgeführt, um die Giftigkeit oder potentielle Gefährlichkeit verschiedenster Produkte an Tieren zu testen. Zu diesem Zweck verabreicht man den Tieren eine bestimmte Dosis der zu testenden Substanz. Die Verabreichung erfolgt entweder oral, mit Hilfe von Magensonden, durch Inhalation von Dämpfen oder Sprays, durch direktes Auftragen auf die Haut oder intravenös. Die Dosis, bei welcher 50 % der Tiere sterben, wird als ‚letale (tödliche) Dosis 50' (LD 50) bezeichnet, während die Dosierung, bei der alle Tiere sterben, entsprechend LD 100 (= 100 %) genannt wird. Viele der auf diese Art ‚erkrankten' Versuchstiere leiden unter heftigen Anfällen, Krämpfen, Muskelsteifheit, Lähmungen, Magenschmerzen und Blutungen aus Augen, Nase, Mund und After. Wenn ‚zu viele' oder ‚zu wenige' der Versuchstiere sterben, ‚muss' der Test wiederholt werden.

Derartige Tests sind nicht nur unmenschlich, die Genauigkeit ihrer Ergebnisse hängt zudem zu sehr von den jeweiligen Versuchsbedingungen ab, als dass eine Verallgemeinerung oder Übertragbarkeit der Testergebnisse von Spezies zu Spezies bzw. von männlichen auf weibliche Tiere derselben Spezies möglich wäre. Der LD-50–Test wird häufig angewendet, um die für Menschen unbedenkliche Dosis eines bestimmten Produktes zu ermitteln. So wurde zum Beispiel 1960 ein Unkrautvernichtungsmittel namens ‚Paraquat' nach erfolgtem LD-50–Test auf den Markt gebracht. Weil die letale Dosis-50 für Ratten bei 120 Milligramm pro Kilo Körpergewicht lag, ging man zunächst davon aus, dass eine entsprechend geringere Menge von Paraquat für den Menschen ungefährlich sei. Binnen zwölf Jahren starben über 400 Menschen durch den Kontakt mit dieser Chemikalie. Es stellte sich heraus, dass die letale Dosis bei Menschen bei nur etwa 4 Milligramm Paraquat pro Kilo Körpergewicht lag. Eine schockierend hohe Zahl von über 100 000 Menschen sterben jedes Jahr an Nebenwirkungen von im Tierversuch erprobten Medikamenten, und noch immer werden Medikamente und Chemikalien auf den Markt gebracht, die als ‚sicher' gelten, weil sie zuvor an Tieren getestet wurden.

Nachdem Tierschützer und Tierrechtler seit Jahrzehnten gegen den LD-50–Test protestiert hatten, hat die OECD die Richtlinie, die den Test vorschrieb, 2001 aufgehoben.

Der Draize-Test

Lange Zeit wurden unter anderem Kaninchen benutzt, um kosmetische Artikel zu testen.

Henry Spira, der Gründer der ‚Animal Rights International' in New York, regte 1979 eine Allianz an, um den Draize-Test abzuschaffen, und erreichte schließlich radikale Veränderungen im Bereich der weltweit praktizierten Produktsicherheitstests. (Spiras außerordentliche Verdienste für den Tierschutz sind in Peter Singers Buch „Henry Spira und die Tierrechtsbewegung" ausführlich dargestellt.)

Der Draize-Test, der die Schleimhautverträglichkeit von Stoffen prüfen soll, wurde benannt nach einem Wissenschaftler namens John Draize, der 1944 das bestehende Verfahren eines bereits zuvor existierenden Tests für Augenirritationen vereinheitlichte.

Beim Draize-Test wird jedem Kaninchen einer größeren Gruppe eine flüssige oder feste Substanz in jeweils ein Auge verabreicht. Die Augen der Kaninchen sowie Veränderungen der Hornhaut, der Bindehaut und der Iris werden nach 24, 48 und 72 Stunden sowie nach 4 und 7 Tagen kontrolliert. Sowohl der Verletzungs- als auch der Heilungsverlauf wird festgehalten. Die Tiere leiden furchtbare Qualen. Der Protest von Verbrauchern gegen die weitverbreitete Durchführung des Draize-Tests lieferte letztlich den entscheidenden Impuls zur Entwicklung nicht-tierlicher Alternativen zu vielen Arten des Tierversuchs. Henry Spiras Kampagne gegen den Draize-Test löste eine wachsende Bewegung gegen die Folter von Tieren zu Versuchszwecken aus.

1981 spendete die Kosmetikindustrie 1000 000 Dollar an die ‚Johns Hopkins School of Hygiene and Public Health', um das ‚Center for Alternatives to Animal Testing' (CAAT) zu gründen. Die ‚American Anti-Vivisection-Society' (aaVS) unterstützt die Arbeit von CAAT. Vergleichbare Einrichtungen gibt es auch in Europa.

Die Analyse von Umweltgiften

Tiere werden außerdem benutzt, um die Auswirkungen der Umweltverschmutzung und zahlreicher Umweltgifte nachzuweisen (Ökotoxikologie), die zu Geburtsfehlern, zu Krebs (Karzinomen) und zahlreichen anderen Krankheiten führen. Zur Gruppe der giftigen Stoffe zählt Trichlorethylen (TCE), das bei der Gewürzzubereitung und der Herstellung von gebräuchlichen Betäubungsmitteln und von entkoffeiniertem Kaffee verwendet wird; Lindan und Dichlor-Diphenyl-Trichlor-Ethan (DDT), zwei Pestizide; und DES, ein synthetisches Östrogen, welches das Wachstum von Vieh und Geflügel fördert. Dem negativen Einfluss von DDT auf das Leben der Wildtiere und die gesamte Umwelt hat Rachel Carson in ihrem 1962 (deutsch 1981) veröffentlichten und berühmt und einflussreich gewordenen Buch „Der stumme Frühling" besondere Beachtung geschenkt. Sie beschreibt die verheerenden Folgen von DDT und den Besorgnis erregenden Verlust von Singvögeln infolge der beträchtlichen Vergiftung; daher der Titel ihres Buches.

Die Nutzung von Tieren zur Erforschung von Umweltgiften liefert oft nur sehr fragwürdige Ergebnisse. In vielen Fällen sind die bei Tieren ermittelten Daten nicht direkt auf den Menschen übertragbar, und häufig reichen die benutzten Methoden nicht aus, um aussagekräftige Schlussfolgerungen über die Beeinträchtigung von Menschen durch Umweltgifte ziehen zu können. Die Verwendung von Tieren zur Vorhersage der menschlichen Reaktion auf Medikamente und Umweltgifte bringt eine Vielzahl technischer und wissenschaftlicher Probleme mit sich. Viele dieser Probleme sind dadurch bedingt, dass die Wissenschaft bisher bei dem Versuch, Menschen über die negativen Auswirkungen von Umweltgiften aufzuklären, noch nicht weit gekommen ist.

Einen guten Einstieg in die vertiefende Lektüre zu dieser Thematik bieten die Bücher „Mythos Tierversuch" von Bernhard Rambeck und „Lethal Laws: Animal Testing, Human Health and Environmental Policy" von Alix Fano. Fano überprüft die verfügbaren Daten im Bereich toxikologischer Testverfahren, legt dar, warum die Verwendung von Tier-Modellen selten, wenn überhaupt, zum gewünschten Ziel führt und empfiehlt zahlreiche nicht-tierliche Alternativen, die zuverlässigere Ergebnisse liefern, wie beispielsweise die Verwendung von menschlichen Zellkulturen, von menschlichem Gewebe, von computergesteuerten Modellen und Studien mit Freiwilligen. Einige renommierte Wissenschaftler stimmen mit Fano und anderen darin überein, dass die Nutzung von Tieren innerhalb der toxikologischen Forschung eher eine Fortsetzung fragwürdiger Tradition und Gewohnheit darstellt. Eine sorgfältige Einschätzung der sehr begrenzten Nützlichkeit von Tier-Modellen ist hingegen die Ausnahme. Fano zitiert Philip Abelson, einen berühmten amerikanischen Wissenschaftler und früheren Herausgeber der namhaften Wissenschaftszeitschrift ‚Science', der sagt: „Die Standard-Karzinogen-Tests, die an Nagetieren durchgeführt werden, sind ein veraltetes Relikt der Ignoranz vergangener Jahrzehnte." Derartige Tests funktionieren nicht und sollten eingestellt werden.

Einer der Hauptkritikpunkte bei der Verwendung von Tieren zur Erprobung der Auswirkung von potentiell gefährlichen Chemikalien betrifft die unnatürlich hohe Dosis von Giften, denen die Tiere ausgesetzt werden. Außerdem werden die Chemikalien den Tieren oft in einer Weise verabreicht, die mit dem tätsächlichen Kontakt von Menschen mit derartigen Substanzen nicht vergleichbar ist. So wurden Tiere in einigen Studien beispielsweise mit Haarfärbemittel *gefüttert*. Fano weist außerdem darauf hin, dass die Ergebnisse von Tierversuchen – ungeachtet der Tatsache, dass einige Versuche deutlich die negativen Auswirkungen von Chemikalien auf die betroffenen Tiere zeigten – ignoriert wurden und die chemische Industrie bis heute eher anwächst als stagniert oder gar zurückgeht.

Tiere als Kleidung

Wie Tiere für die Herstellung von Kleidung genutzt werden, ist ein weiteres brisantes Thema. Über 40 Millionen wilde ‚Pelztiere' werden in den USA um des Profits willen brutal verstümmelt und getötet. Viele der Tiere werden mit den verschiedenartigsten Apparaten gefangen, die extremes seelisches und körperliches Leid verursachen. Zu diesen Geräten zählen Fußfallen, Drahtschlingen, die das Tier umschlingen und sich enger zusammenziehen, wenn das Tier sich windet, sowie Apparaturen, die den ganzen Körper des Tieres umfassen und das Genick des Tieres brechen. Biber geraten häufig in ‚Wasser-Fallen', in denen sie nach grausamem Todeskampf ertrinken. Es kommt oft genug vor, dass Hunde sich zufällig in Fallen verfangen, die aufgestellt wurden, um Tiere anderer Spezies zu fangen. Es gibt in den Vereinigten Staaten kein Gesetz, das sich damit befasst, wie die gefangenen Tiere getötet bzw. ob sie getötet werden können.

In Deutschland werden zum Schutz von Pelztieren zwar das Tierschutzgesetz, eine Empfehlung des Europäischen Ausschusses und das „Gutachten zur tierschutzgerechten Haltung und Tötung von Pelztieren in Farmen vom 26. September 1998" herangezogen, doch Tierschützer kritisieren, diese Grundlagen seien vollkommen unzureichend und berücksichtigten keine wissenschaftlichen Mindestanforderungen an die Pelztierhaltung.

Ein generelles Verbot der Pelztierhaltung, wie es beispielsweise in Großbritannien und in einigen Bundesländern Österreichs verabschiedet worden ist, und eine strengere Regelung zum Schutz der Pelztiere sind von der Bundesregierung bisher abgelehnt worden. Aus diesem Grund haben einige Bundesländer, darunter Hessen, Bayern und Nordrhein-Westfalen, die Pelztierhaltung durch eigene Erlasse geregelt.

Tiere werden außerdem, auch in Deutschland, in Farmen gezüchtet, nur um für menschliche Kleidung geschlachtet zu werden. Kürzlich wurde dokumentiert, dass auch Hunde und Katzen für die Pelzverarbeitung benutzt werden. Ebenso wie die meisten Tiere, die eigens zur ‚Pelzgewinnung' gezüchtet werden, werden auch diese Individuen für gewöhnlich unter beklagenswerten Umständen gehalten, bevor sie durch Schläge, Erhängen, Ersticken oder Ausbluten getötet werden. Um nur ein Beispiel zu nennen: In Deutschland werden jährlich bis zu 300 000 Nerze unter schlimmsten Bedingungen gehalten und getötet (siehe u. a.: www.vier-pfoten.de).

Es gibt kein Gesetz in den USA, das den Import von Hunde- oder Katzenfell oder die Verwendung dieser Tiere zu Kleidungszwecken verbietet. Es gibt auch keine Gesetze, die den Umgang und die Haltung von Tieren auf Pelzfarmen reglementieren. Es ist überflüssig, zu betonen, dass auch diesen Tieren ähnliches Leid widerfährt wie den im Zoo gefangen gehaltenen Tieren – mit dem Unterschied, dass Pelztiere in jedem Fall getötet werden und nicht einmal die Möglichkeit haben, ihr Leben im Käfig fortzusetzen. Die Pelzindustrie hat einige Richtlinien aufgestellt, deren Befolgung jedoch freiwillig ist. Es gibt in den Vereinigten Staaten – anders als in Deutschland – keine Überwachung der Pelzfarmen. Tiere, wie zum Beispiel Nerze, werden durch Genickbruch getötet. Die Tiere reagieren mit großer Verzweiflung, wenn sie aus ihren Käfigen genommen werden, um getötet zu werden. Sie schreien, urinieren, setzen Kot ab und kämpfen um ihr Leben. Die Tiere werden zum Teil auch vergast, oder man verabreicht ihnen tödliche Injektionen. Beide Prozeduren verursachen Schmerzen und verlängern das Leid der Tiere, bevor sie endlich sterben ‚dürfen'.

Was kann der Einzelne tun?

Es gibt vieles, was man gegen die Not der Tiere tun kann, die zu Kleidungszwecken oder zum Zwecke der Produktprüfung benutzt werden. Man kann Produkte kaufen, die nicht auf grausame Weise an Tieren getestet wurden. Man kann durch das eigene Konsumverhalten Firmen unterstützen, die eine gewaltfreie Produktprüfung durchführen. Man kann außerdem Produkte kaufen, die im Unterschied zu Leder- und Pelzwaren nicht von Tieren stammen. Der Boykott von Pelzgeschäften ist eine andere Möglichkeit. Anti-Pelz-Kampagnen haben in den letzten Jahren zu einem erheblichen Rückgang von Pelzkäufen geführt, aber viele Menschen tragen auch weiterhin Pelz- und Lederprodukte. Durch die Berichterstattung innerhalb der Massenmedien wurden Millionen von Konsumenten über die grausame Behandlung von Tieren in der Bekleidungsindustrie informiert, und die Leben Tausender von Tieren konnten gerettet werden. Trotzdem muss noch viel mehr getan werden.

Jeder Einzelne hat die Möglichkeit, den Tieren, die nicht für sich selbst sprechen können, wirklich zu helfen, indem er selbst mit gutem Beispiel vorangeht und die entsprechenden Informationen an andere weitergibt.

Andere Beispiele von ‚Tier-Modellen', die nicht funktionieren: Soziale Isolation und Ess-Störungen

Viele Forscher sind der Überzeugung, dass die Verwendung von ‚Tier-Modellen' trotz enormer Investitionen von Zeit, Geld und Tierleben wenig nützliches Wissen für den Menschen mit sich gebracht hat (siehe: Animalearn Fact Files, Animal Experiments – unter www.aavs.org – und „Sacred Cows and Golden Geese" von den Medizinern C. R. und J. S. Greek). Innerhalb der Verhaltensforschung gibt es zwei Beispiele für die Unzulänglichkeit solcher Modelle, von denen das erste den Entzug von sozialen oder mütterlichen Kontakten (soziale Isolation) bei Tieren zur Erforschung menschlicher Depressionen und das zweite die Verwendung von Tieren zur Erforschung menschlicher Ess-Störungen, einschließlich Fettleibigkeit, Magersucht und Bulimie, betrifft.

Wie aus der Arbeit von Harry Harlow an der University of Wisconsin hervorgeht, werden normalerweise Affen benutzt, die ihrer sozialen Kontakte beraubt werden, um die seelischen und körperlichen Aspekte menschlicher Depression zu erforschen.

(Martin Stephens hat eine hervorragende Besprechung dieser Arbeit veröffentlicht, ebenso wie das ‚Animal Protection Institute', vgl. ‚Mainstream', 1997, Bd. 28.)

Für gewöhnlich werden die Tiere zu diesem Zweck kurz nach der Geburt von ihren Müttern und anderen Tieren getrennt und allein ‚aufgezogen', häufig in kleinen, dunklen, sterilen Käfigen, die als ‚Depressions-Kammern' bezeichnet werden. Die in ihren armseligen Gefängnissen isolierten Affen schreien vor Verzweiflung, entwickeln selbstzerstörerische Verhaltensweisen und entziehen sich schließlich der Welt. Die einzigen sozialen Kontakte, die diesen vereinsamten, verängstigten und verzweifelten Affen gestattet werden, finden während der Blutabnahme oder anderer Untersuchungen statt oder beschränken sich darauf, dass die Tiere zu anderen Affen gebracht werden, denen sie normalerweise ausweichen würden, weil sie von ihnen verstümmelt und gelegentlich auch getötet werden.

Abgesehen von der Tatsache, dass diese Art von Studien moralisch verwerflich ist, weisen derartige Isolations-Studien eine Reihe von Fehlern auf. Dennoch werden sie von Seiten der Behörden erheblich bezuschusst, so als spiele weder der Mangel an klinischer Bedeutsamkeit für den Menschen noch das Leben der Tiere eine Rolle. Derartige Studien sind ein gutes Geschäft, ungeachtet der Tatsache, dass selbst die Forscher menschliche Depressionen als charakteristisch menschlichen Zustand bezeichnen. Sowohl im Hinblick auf die Diagnose als auch hinsichtlich der Behandlung oder Verhinderung menschlicher Depressionen muss die Durchführung von Tierversuchen als wirkungslos bezeichnet werden. Auch Menschen, die andere Formen der Tiernutzung unterstützen, sind empört über den Horror der Isolations-Forschung. Viele sind der Meinung, dass diese Art der Forschung sofort unterbunden werden muss. Kein Zweck heiligt solche Mittel.

Um den Forschern die Entscheidung abzunehmen, welche Mittel erlaubt sind und welche nicht, haben die Züricher Hochschulen 1997 eine ‚Negativliste' aufgestellt. Auf ihr sind die Eingriffe und Behandlungen aufgeführt, die den Tieren schweres Leiden zufügen und auf die verzichtet werden soll, „auch wenn ein hoher Erkenntnisgewinn zu erwarten wäre".

Kenneth Shapiro hat in seinem Buch „Animal Models of Human Psychology: Critique of Science, Ethics and Policy" ausführlich über die Verwendung von Tier-Modellen innerhalb der psychologischen Forschung geschrieben, wobei sein Hauptaugenmerk der Verwendung von Tier-Modellen zur Erforschung menschlicher Ess-Störungen galt. Er fand heraus, dass nur 37 % der Ärzte, die diese Zustände behandelten, von Forschungen wussten, bei denen die Tiere verhungern, zwangsgefüttert oder dem ständigen Wechsel von exzessiver Nahrungsaufnahme und heftigem Erbrechen ausgesetzt werden. Von den Ärzten, die es wussten, sagten 78 %, dass die Ergebnisse derartiger Tierversuche bei der Behandlung dieser Krankheitsbilder keine Rolle spielen. Die erfolgreiche Übertragung von Tier-Modellen auf die klinische Praxis mit Menschen gelingt extrem selten.

Oft treiben Bequemlichkeit und Tradition die Tiernutzung an, ohne dass sie ausreichend gerechtfertigt werden könnte, auch nicht seitens der biomedizinischen oder toxikologischen Forschung. Bedauerlicherweise weckt die Verwendung von Tier-Modellen häufig falsche Hoffnungen bei Menschen in Not. Schätzungen zufolge ging seit 1900 nur 1–3,5 % des Rückgangs der menschlichen Sterblichkeitsrate auf Ergebnisse aus Tierversuchen zurück.

Das renommierte ‚New England Journal of Medicine' bezeichnete den Kampf gegen den Krebs als weitgehenden Misserfolg. Wie bereits erwähnt, sterben außerdem jedes Jahr über 100 000 Menschen an den Nebenwirkungen von im Tierversuch erprobten Medikamenten. Die früher verwendeten Tier-Modelle zur Erforschung von Kinderlähmung verhinderten beispielsweise lange die Entdeckung eines geeigneten Impfstoffes. Wie vom ‚Medical Research Modernization Committee' dargelegt wurde, erwiesen sich die von Simon Flexner durchgeführten Polio-Versuche an Affen-Modellen im Hinblick auf den Infektionsverlauf für andere Wissenschaftler als irreführend. Flexner kam zu dem Schluss, dass Polio nur das Nervensystem von Affen infiziere. Die Verwendung menschlicher Gewebekulturen zeigte hingegen, dass der Poliovirus auch auf solchem Gewebe kultiviert werden konnte, das nicht vom Nervensystem stammte. Schimpansen werden in der AIDS-Forschung eingesetzt, obwohl sie nicht in uns vergleichbarer Weise an AIDS erkranken können. Zahlreiche Menschen starben, weil die zu erforschenden Krankheiten bei den verwendeten Tieren künstlich erzeugt werden mussten und sich der Krankheitsverlauf bei den Versuchstieren anders gestaltete als bei Menschen, die auf natürlichem Wege erkranken.

Es bedarf dringend der Entwicklung und Anwendung nicht-tierlicher Alternativen – einschließlich menschlicher Studien, die zeitaufwendiger, teurer, riskant und ethisch schwieriger zu verteidigen sind als Tierversuche –, um mehr über das menschliche Verhalten und humanmedizinische Probleme zu lernen. Davon würden nicht nur zahlreiche Menschen profitieren, sondern auch unzählige unschuldige Tiere.

Die Auswirkungen der Feldforschungsarbeit: Wir verändern etwas

Nicht nur im Zusammenhang mit der Forschung an gefangenen Tieren, sondern auch bezüglich der Erforschung von Wildtieren muss eine Vielzahl moralischer Belange berücksichtigt werden. ‚Einfach nur da zu sein' und herumzuschlendern kann bereits enorme Auswirkungen auf das Leben der Wildtiere haben. Trotzdem liefern Feldstudien wichtige Informationen über die Komplexität und den Reichtum tierlichen Lebens, die jenen Menschen zugute kommen, die sich für das Wohlergehen von Tieren interessieren. Studenten der Verhaltensforschung äußern häufig den Wunsch, die tierlichen Individuen identifizieren und ihr Alter und Geschlecht bestimmen zu können, ihnen folgen zu können, wenn sie umherstreifen, oder verschiedene physiologische Messungen protokollieren zu können, einschließlich der Herzfrequenz und der Körpertemperatur. Natürlich ist es schwieriger, Tiere unter Feldbedingungen zu erforschen als Individuen, die in Gefangenschaft leben, und viele Methoden, wie beispielsweise das Aufstellen von Fallen, das Markieren der Tiere und das Anbringen von Funksendern werden häufig nur benutzt, um den ‚Zugang' zu den Tieren zu gewährleisten. Die Benutzung von Fußfallen führt bei den Tieren zu zahlreichen ernsten Verletzungen, einschließlich Fleischwunden, dem Anschwellen von Gliedmaßen, Brüchen und sogar Amputationen.

Ich habe mich lange damit beschäftigt, wie die verschiedenen Forschungsmethoden die betroffenen Tiere beeinflussen, wenn man beispielsweise ihr Fortpflanzungs- und Brutverhalten, die Dominanzverhältnisse innerhalb von Beziehungen, die Partnerwahl, ihr ‚Freizeitverhalten', ihre Gefährdung durch Raubtiere oder ihr Fütterungs- und Aufzuchtverhalten beobachtet. Modelle, die aus derartigen Studien entwickelt werden, können aufgrund des menschlichen Eingreifens irreführend sein, obwohl sie neutral zu sein scheinen. Wir müssen sicherstellen, dass die dokumentierten Verhaltensmuster dem Alter, Geschlecht oder sozialen Status der Tiere entsprechen. Wenn die Informationen, anhand derer wir das Wohlbefinden von Tieren beurteilen, unzuverlässig sind, werden auch die erzielten Schlussfolgerungen und die entwickelten Tier-Modelle unzuverlässig sein und können gegenwärtige und zukünftige Forschungsprogramme in die Irre führen. Hinzu kommt, dass unsere Fehler nachteilige Auswirkungen auf das Leben der beobachteten Tiere haben können. Unsere ‚Forschungs-Ethik' sollte verlangen, dass wir zunächst mehr über das normale Verhalten und natürliche Veränderungen zahlreicher Verhaltensmerkmale von Tieren lernen, um zu wissen, was wir den Tieren, deren Leben wir erforschen, möglicherweise antun.

Hier sind einige repräsentative Studien, die verdeutlichen, wie weit verbreitet der Einfluss der Forscher ist und wie viele verschiedene Spezies von diesem Einfluss betroffen sind.

Das wiederholte Einfangen großer grauer Mungos beeinträchtigt den Bewegungsspielraum dieser Tiere, und selbst geringere Auswirkungen müssen im Rahmen von Forschungsprojekten, die derartige Praktiken anwenden, berücksichtigt werden. Es ist wichtig, die natürlichen Bewegungsmuster der Tiere mit den Verhaltensweisen zu vergleichen, die die Tiere zeigen, wenn sie versuchen, aufgestellten Fallen oder menschlichen Beobachtern auszuweichen. Wenn beispielsweise Käfige oder andere ‚Tier-Behausungen' konstruiert werden, müssen die verwendeten Daten, anhand deren über die Ausmaße der entsprechenden Konstruktion entschieden wird, auf Informationen basieren, die glaubwürdig darlegen, welche Bedürfnisse die Tiere normalerweise in der Wildnis haben, um ihren natürlichen Bewegungsspielraum jeweils angemessen zu berücksichtigen.

Elstern, große und sehr intelligente Vögel, die die menschliche Gegenwart nicht gewohnt sind, verbringen so viel Zeit damit, Menschen auszuweichen, dass ihnen häufig nur wenig Zeit für lebenswichtige Aktivitäten wie zum Beispiel Nahrungsbeschaffung bleibt. Wenn ein Forscher an der Sammlung von Daten über die Ernährungsgewohnheiten dieser Vögel interessiert wäre, müsste er zunächst sicherstellen, dass seine Gegenwart die speziestypischen Nahrungsgewohnheiten nicht verändert.

Adélie-Pinguine, die sowohl Flugzeugen als auch Menschen ausgesetzt sind, zeigen tiefgehende Veränderungen im Verhalten, einschließlich des Abweichens von einem direkten Weg zu ihrem Nest und dem zunehmenden Verlassen eines Nestes. Die Tatsache, dass die Tiere den Flugzeugen ausgesetzt sind, die sie davon abhalten, nach der Nahrungssuche zu ihrem Nest zurückzukehren, hat eine Abnahme der Anzahl der Vögel in einer Kolonie von 15 % und einen Anstieg der Sterblichkeitsrate der Jungtiere von 8 % zur Folge. Es kam außerdem zu einer enormen Steigerung der Herzfrequenz der Pinguine. Hier würden Modelle, die den Fortpflanzungserfolg und die elterliche Fürsorge dieser Tiere betreffen, wieder einmal an den verwendeten Methoden scheitern.

Trompetenschwäne reagieren auf Flugzeuge nicht ganz so empfindlich. Trotzdem führt der Lärm und die sichtbare Anwesenheit der abgestellten Vehikel zu einer Veränderung des Brutverhaltens weiblicher Trompetenschwäne, was zu einem Rückgang der Kinderzahl aufgrund eines Anstiegs der Sterblichkeitsrate des Nachwuchses führen kann. Wieder einmal wären die Daten über das Fortpflanzungsverhalten dieser Vögel irreführend.

Das Verhalten junger Pinguine (durchschnittliches Gewicht etwa 1100 Gramm) bei der Nahrungssuche wird dadurch beeinträchtigt, dass sie einen kleinen Apparat (ca. 60 Gramm) am Körper tragen, der die Geschwindigkeit und die Tiefe ihrer ‚Tauchgänge' misst. Dieses kleine Gerät führt zu verminderter Leistungsfähigkeit bei der Nahrungssuche. Verhaltensänderungen wie diese werden auf durch die Messung bedingte systematische Beeinträchtigungen zurückgeführt. Es kommt jedoch nicht bei allen Tieren zu derartigen Beeinträchtigungen. Wenn beispielsweise weibliche gefleckte Hyänen Funkhalsbänder tragen, die weniger als 2 % ihres Körpergewichtes wiegen, scheint dies kaum Auswirkungen auf ihr Verhalten zu haben. Zu ähnlichen Ergebnissen kam man auch bei kleinen Nagetieren, für die das Tragen schmaler Funkhalsbänder kein erhöhtes Risiko darstellt, von Vögeln erbeutet zu werden.

Das Anbringen eines Etiketts auf den Flügeln von Enten führt jedoch dazu, dass die Tiere ihr Balzverhalten reduzieren und mehr Zeit mit Schlafen und Körperpflege verbringen. In diesem Fall wären die erhobenen Daten über den Aktivitätsrhythmus und das Verhalten dieser Tiere ebenfalls verfälscht.

Die Partnerwahl bei Zebrafinken wird durch die Farbe der Fußringe, die das Tier zur Identifizierung trägt, beeinflusst, und es gibt vermutlich weitere Arten der Einflussnahme, die bisher nicht dokumentiert wurden. Weibchen mit schwarzen und Männchen mit roten Ringen haben größere ‚Fortpflanzungserfolge' als Vögel mit andersfarbigen Ringen. Blaue und grüne Ringe sind sowohl für die männlichen als auch für die weiblichen Tiere besonders unattraktiv. Darüber hinaus kann die Farbe des Fußringes bei Zebrafinken die Wahl des ‚Gesangslehrers' und die ‚Partnerbewachung' bei Blaukelchen beeinflussen.

Das Gewicht eines Funkhalsbandes kann das Dominanzverhältnis von weiblichen Wühlmäusen beeinflussen. Wenn die Wühlmäuse Halsbänder tragen, die mehr als 10 % ihres Körpergewichtes wiegen, führt dies zu einem erheblichen Dominanzverlust der Tiere innerhalb einer Gruppe. Auch hier würden ohne dieses Wissen falsche Daten bezüglich der Dominanzverhältnisse erhoben.

Auch Fangmethoden können zu falschen Ergebnissen führen. Einzelne Fangmethoden können bei einigen Vogelarten das ermittelte Verhältnis von Alter und Geschlecht verfälschen. Mit Netzen werden eher Jungvögel, mit Fallen hingegen eher erwachsene Tiere gefangen. Dominante Männchen tendieren darüber hinaus dazu, Fallen, die einen Futterköder verwenden, mit Beschlag zu belegen, was zu falschen Daten des Anteils von männlichen und weiblichen Tieren führen kann. Dies sind extrem wichtige Ergebnisse, weil Angaben über das Verhältnis von Alter und Geschlecht wichtige Daten für viele verschiedene Forscher darstellen, die an Verhaltensforschung und Populations-Biologie interessiert sind. Die Forschung beeinflusst nicht nur eine Vielzahl von Verhaltensmustern, sie kann auch die Anfälligkeit von Infektionen bei Tieren verändern. Ohr-Marken führen bei bestimmten Mäusearten zu einem höheren Befall der Tiere mit Zeckenlarven, weil die Marken die Mäuse bei der Körperpflege behindern. Das Anbringen von Ohr-Marken kann somit die Forschungsergebnisse bezüglich des Pflegeverhaltens verfälschen.

Diese Beispiele sollen genügen, um zu verdeutlichen, dass die Verwendung von Tier-Modellen, bei denen die Auswirkungen der Forschungstätigkeit nicht berücksichtigt werden, falsche Informationen über das Verhalten von Tieren vieler verschiedener Spezies liefern kann. Wenn diese Fehlinformationen beispielsweise herangezogen werden, um zukünftige Studien zu entwickeln, um ‚Gefangenen-Unterkünfte' zu konstruieren oder um Einschätzungen über das Wohlbefinden der Tiere vorzunehmen, können völlig falsche Schlüsse gezogen werden.

Vorsichtsmaßnahmen treffen

Während wir häufig zunächst nichts über die verschiedensten Aspekte des Verhaltens von Tieren wissen, bevor wir ihre Lebensräume betreten, scheint unsere Gegenwart Einfluss zu haben auf dass, was die Tiere tun, wenn wir uns ihnen nähern. Was zunächst als relativ kleine Veränderung auf individueller Ebene erscheint, kann sowohl kurz- als auch langfristig weit reichende Folgen haben. Häufig müssen Entscheidungen an Ort und Stelle getroffen werden. Unser Wissen darum, was derartige Veränderungen für das Leben der Tiere bedeuten, verdient ernsthafte Aufmerksamkeit. Ein Leitprinzip sollte deshalb sein, dass wir wilde Tiere, deren Verhalten wir zu studieren das Privileg haben, respektieren und dass wir, solange wir nicht sicher sind, inwieweit unsere Aktivitäten das Leben der Tiere beeinflussen, im Zweifel zugunsten der Tiere entscheiden und so lange auf die Anwendung dieser Praktiken verzichten sollten, bis wir die Konsequenzen unseres Tuns kennen. Die Beachtung dieser Vorsichtsmaßnahmen wird uns und den Tieren zugute kommen.

Die Erwägung und Berücksichtigung wichtiger moralischer Fragen kann insofern bereichernd sein, als wir neue Möglichkeiten im Umgang mit Tieren entwickeln könnten, Möglichkeiten, die sowohl unser eigenes Leben als auch das Leben der Tiere bereichern. Es gibt einen nachhaltigen Bedarf an der Entwicklung und Verbesserung allgemeiner Richtlinien für die Forschung an freilebenden und gefangenen Tieren. Fachverbände können eine entscheidende Rolle in der Entwicklung von Richtlinien spielen, und viele Fachzeitschriften fordern mittlerweile, dass die Mitwirkenden eine Erklärung abgeben, die besagt, dass die geleistete Forschungsarbeit in Übereinstimmung mit den akzeptierten Bestimmungen durchgeführt wurde. Richtlinien sollten nicht nur regulierend, sondern auch fortschrittlich sein. Wir sollten uns nicht damit zufrieden geben, dass die Dinge heute besser sind, als sie in ‚schlechten Zeit' waren, und wir sollten uns für eine Zukunft einsetzen, in der sogar diese aufgeklärte Ära rückblickend noch als ‚schlechte Zeiten' für Tiere angesehen wird.

Bei der Entwicklung von Richtlinien wurden bereits große Fortschritte erzielt, und das Ziel ist, sie noch verbindlicher, noch effektiver und spezifischer zu gestalten. Zusammen mit Jane Goodall habe ich vor kurzem eine Gruppe namens „Ethologen für die moralische Behandlung von Tieren" gegründet, um sicherstellen zu können, dass die höchsten ethischen Standards in der Verhaltensforschung umgesetzt werden (www.ethologicalethics. org). Wenn möglich, sollten wir außerdem an gleichen Standards in jenen Ländern arbeiten, die eine ähnliche Einstellung gegenüber Tieren haben; in einigen Ländern (z. B. in den USA) ist die Forschung weitaus geringeren Regulativen unterworfen als in vielen anderen Ländern. Forscher, die mit den kritischen Fragen konfrontiert werden und sich in offenen und ernsthaften Debatten mit ihnen auseinander setzen, können dieses Wissen in ihre Forschungsprojekte einfließen lassen und an Kollegen und Studenten weitergeben. Die Unkenntnis der Subtilität philosophischer Argumente und Details, über die selbst unter professionellen Moralphilosophen Uneinigkeit herrscht, sollte weder ein Hindernis noch eine unüberwindliche Hürde bei der Aneignung von Wissen darstellen.

Kapitel 13
Tierversuche: Man muss Tiere nicht sezieren, um über das Leben zu lernen

Alternativen zur ‚Verwendung' von Tieren: Die ‚drei Rs' – Ersatz (Replacement), Reduzierung (Reduction) und Verminderung der Belastung (Refinement)

Aufgrund des steigenden Drucks, die Verwendung von Tieren innerhalb der Forschung und Ausbildung zu reduzieren, interessieren sich immer mehr Menschen für die Entwicklung von nicht-tierlichen Alternativen. Die Idee der drei Rs – Ersatz (Replacement), Reduzierung (Reduction) und Verminderung der Belastung (Refinement) – im Zusammenhang mit der Tiernutzung zu Versuchszwecken wurde in dem 1959 erschienenen Buch „The Principles of Humane Experimental Technique" entwickelt. In diesem Buch legten die britischen Wissenschaftler William M. S. Russell und Rex Burch erstmals auf klare und verständliche Weise dar, wie Tiere vor menschlichem Missbrauch geschützt werden können. Mittlerweile wenden viele Forscher die Idee der ‚drei Rs' an.

Reduzierungs-Alternativen ‚verwenden' weniger Tiere, um die gleiche Anzahl von Daten oder mehr Informationen über eine bestimmte Anzahl von verwendeten Tieren zu erhalten. Das Ziel der Reduzierungs-Alternativen besteht darin, die Anzahl der benutzten Tiere insgesamt zu verringern.

Alternativen, die der *Verminderung der Belastung* dienen, vermindern den Schmerz und das Leid der Versuchstiere. Bei der Entwicklung solcher Alternativen zur Verminderung der Belastung ist es wichtig, den jeweiligen Grad des Schmerzes abzuschätzen, den das Tier erlebt bzw. erleidet. Wenn eine bestimmte Prozedur schmerzhaft für Menschen ist, ist es durchaus angemessen, davon auszugehen, dass sie auch schmerzhaft für Tiere sein wird. Verminderungs-Alternativen umfassen ebenso den Gebrauch von Schmerz- und/oder Betäubungsmitteln, um jeglichen Schmerz zu vermindern. Die zuvor dargestellte Bereicherung der Umwelt stellt ebenfalls ein Beispiel von Verminderung der Belastung dar.

Ersatz-Alternativen sind solche Methoden, die keine lebenden Tiere benutzen, wie zum Beispiel ‚in vitro' –Verfahren (d. h. ‚im Reagenzglas'). In-vitro-Verfahren verwenden lebendes Material oder Teile lebenden Materials, das in Petri-Schalen oder Reagenzgläsern kultiviert wird. ‚In vivo' -Verfahren werden hingegen ‚am lebenden Tier' durchgeführt.

Computer-Modelle und mathematische Simulationen können ebenfalls eingesetzt werden, um Tiere zu ersetzen.

Halten Tierversuche, was sie versprechen?

Die Meinungen darüber, ob es erforderlich sei, tote Tiere zu sezieren oder Experimente an lebenden Tieren durchzuführen, um etwas über ihr Leben zu lernen, gehen auseinander.

Mitglieder von ca. 170 Spezies, darunter mindestens 10 Millionen Wirbeltiere, werden in den USA jährlich zu Ausbildungszwecken benutzt. Schätzungen zufolge werden etwa 90 % der Tiere, die seziert werden, einschließlich Fröschen, Schildkröten und Fischen, in freier Natur gefangen. Der Philosoph Stephen Sapontzis hat darauf hingewiesen, dass das Töten und Sezieren eine negative Einstellung gegenüber Tieren vermittelt, die Studenten dazu veranlassen könnte, Tiere als schwach wahrzunehmen und ihre Ausbeutung durch ‚die Starken' für zulässig zu halten. Lehrkräfte und Studenten können außerdem unempfindlich für die Notlage der Tiere werden und den Respekt vor den ‚verwendeten' Tieren verlieren.

An vielen Hochschulen wird von den Studenten verlangt, tote Tiere zu zerschneiden oder Experimente an lebenden Tieren durchzuführen. Die meisten Schüler und Studenten äußern den Lehrern und Dozenten gegenüber ihren Widerwillen gegen die Durchführung von Tierversuchen nicht, und viele Studenten wissen aufgrund mangelnder Information gar nicht, dass es bereits viele verfügbare nicht-tierliche Alternativen gibt. Die Angst vor Spott und Erniedrigung, der Zeitverlust und möglicherweise auch das Gefühl, die eigene Laufbahn nicht gefährden zu wollen, können dazu führen, dass Studenten sich dazu entschließen, etwas zu tun, was sie eigentlich nicht tun wollen.

Aus einem Bericht von Corina Gericke und Ingolf Bossenz vom November 2000 geht hervor, dass an deutschen Universitäten mittlerweile keine Versuche mehr an lebenden Tieren zu Ausbildungszwecken vorgenommen werden. Allerdings sind Übungen an eigens für diesen Zweck getöteten Tieren nach wie vor Bestandteil der Praktika – wenn auch in bedeutend geringerem Maße: Insgesamt werden rund 75 000 Tiere jährlich in den Pflichtpraktika an deutschen Universitäten und Hochschulen zu Studienzwecken verwendet. Die Zahl der Wirbeltiere wird dabei auf 15 000 geschätzt.

Die Befürworter von Tierversuchen betonen häufig, dass die praktischen Erfahrungen bei der Durchführung von Tierversuchen unverzichtbar für die Ausbildung von Studenten seien. Einige Biologen sind sogar der Auffassung, dass man das Studium der Biologie gar nicht erst aufnehmen sollte, wenn eine Abneigung gegen das Zerschneiden und Zergliedern von Tieren bestünde. Diese Wissenschaftler übersehen die Tatsache, dass es viele verschiedene Arten der Biologie gibt, die von anatomischen und physiologischen Studien bis hin zur Beobachtung des Verhaltens von Tieren reichen.

Es gibt keinen Beweis für die Behauptung, dass die praktische Erfahrung der Durchführung von Tierversuchen für die Ausbildung von Studenten erforderlich sei. Viele Lehrkräfte, die derartige Praktiken im Unterricht anwenden, tun dies ungeachtet der Tatsache, dass sie gar nicht wissen, ob derartige Experimente tatsächlich das gewünschte Ergebnis liefern. Sich auf die Geschichte zu berufen und zu sagen, dass wir es immer so gemacht haben, liefert häufig nur schwache

Begründungen für die Fortsetzung dieser Praktiken, die sich niemals hätten durchsetzen dürfen und die darüber hinaus zum Teil aufgrund von Fortschritten auf anderen Gebieten längst als veraltet anzusehen sind. Dieser Tradition folgt auch die ‚Humane Anatomy and Physiology Society' (HAPS), die ohne Angabe von Daten behauptet, dass „das Sezieren und Manipulieren von Gewebeproben und Organen von Tieren notwendige Bestandteile wissenschaftlicher Forschung seien und dass Studenten dadurch auf die Herausforderungen ihres zukünftigen Berufes vorbereitet würden".

Während kein Zweifel daran besteht, dass Versuche und Experimente an Tieren in der Geschichte der Naturforschung eine in vielerlei Hinsicht entscheidende Rolle gespielt haben, kann doch bezweifelt werden, dass derartige Versuche ‚unentbehrlich' für den Fortbestand der Wissenschaft sind, insbesondere vor dem Hintergrund des technologischen Fortschritts. Darüber hinaus ist der von der ‚HAPS' vertretene Standpunkt nicht unbedingt vereinbar mit der heute praktizierten Art wissenschaftlicher Untersuchungen und Fragestellungen. Es gibt heute eine Vielzahl verschiedenster Untersuchungsmethoden, die als ‚wissenschaftlich' bezeichnet werden können, und mittlerweile herrscht auch unter praktizierenden Wissenschaftlern eine größere Aufgeschlossenheit neuen Alternativen gegenüber. Sicher würde es die Ausbildung zukünftiger Wissenschaftler untergraben, wenn man ihnen beibrächte, dass es nur einen Weg gibt, Wissenschaft, einschließlich Anatomie und Physiologie, zu lehren und zu vermitteln.

Eine kürzlich erhobenen Umfrage ergab, dass die regulären Lehrpläne von über 50 % der Medizinischen Hochschulen in den Vereinigten Staaten derzeit keine Verwendung lebender Tiere vorsehen. Von den Medizinischen Hochschulen, die Versuche an lebenden Tieren durchführen, bieten 99 % alternative Übungen für jene Studenten an, die sich nicht direkt an Verfahren beteiligen wollen, bei denen lebende Tiere benutzt werden. Somit können Studenten ihr Studium an fast allen Medizinischen Hochschulen auch dann zum Abschluss bringen, wenn sie sich nicht an Versuchen mit lebenden Tieren beteiligt haben. Insbesondere an tiermedizinischen Hochschulen wird zunehmend über diese Thematik diskutiert, weil immer mehr Studenten sich für Tierrechte und die Art der Tiernutzung innerhalb der tierärztlichen Ausbildung interessieren. Einige dieser Hochschulen bieten bereits nicht-tierliche Alternativen zum Sezieren von Tieren an. Während in Deutschland 1990 gerade einmal 5 der 36 humanmedizinischen Fakultäten im Physiologie-Praktikum gänzlich auf die Nutzung von Tieren verzichteten, sind es heute bereits 14 (siehe: www.tierrechte.de/akut/akut09.shtml); www.tierrechte.de/SATIS).

Die pädagogische Wirksamkeit nicht-tierlicher Alternativen

Viele Studien, die sich mit dem pädagogischen Nutzen und der Wirksamkeit von Alternativen, wie z. B. der Verwendung von Computer-Modellen, befassen, belegen, dass die Alternativen sich häufig mindestens genauso gut, wenn nicht sogar besser zur Realisierung von Lernzielen eignen. Jonathan Balcombe hat einige dieser Alternativmethoden zusammengefasst und herausgefunden, dass Studenten der Medizin und der Tiermedizin, die derartige Alternativen nutzten, über gleiches Wissen oder gleichwertige chirurgische Fähigkeiten verfügten. Der Lerneffekt war bei der Verwendung nicht-tierlicher Alternativen genauso gut oder sogar besser als bei der Durchführung von Tierversuchen. Eine Studie von 2913 Biologie-Studenten im ersten Semester ergab beispielsweise, dass die Untersuchungsergebnisse der 308 Studenten, die ‚Modell-Ratten' studierten, mit den Ergebnissen der anderen 2605 Studenten, die Ratten sezierten, übereinstimmten. Der Vergleich der chirurgischen Fähigkeiten von 36 Studenten der Tiermedizin im 6. Semester ergab, dass es keine Leistungsunterschiede zwischen den Studenten, die an Weichplastik-Modellen übten, und denen, die ihre Fertigkeiten an

Hunden und Katzen erprobten, gab. Die virtuelle Chirurgie hat sich als wirksame Alternative erwiesen. Eine Befragung von 110 Medizin-Studenten ergab, dass die Studenten anhand von Computersimulationen mehr über die Herz-Kreislauf-Physiologie lernten als durch Demonstrationen, bei denen Hunde benutzt werden.

Was kann der Einzelne tun?

Man kann um nicht-tierliche Alternativen bitten, wenn man keine lebenden Regenwürmer zerschneiden, keine Injektionen an lebenden Fröschen vornehmen und nicht mit bereits präparierten Tieren wie Katzen oder Schweine-Föten arbeiten will. Eine gute Alternative ist die, die keine Tiere schädigt. Anderen beim Sezieren von Tieren zuzusehen, ist nicht zwangsläufig akzeptabel; die Alternative dazu beinhaltet keinerlei Kontakt mit Tieren, weder direkt noch indirekt. Zahlreiche Studien belegen, dass die Verwendung von Alternativmethoden genauso lehrreich, wenn nicht sogar effektiver ist als die Nutzung von Tieren zu Versuchszwecken. Die Entwicklung zusätzlicher Alternativen zum Tierversuch schreitet kontinuierlich voran.

Es gibt außerdem einige Richtlinien, die sich in diesem Zusammenhang als hilfreich erweisen können. Gary Francione und Anna Charlton haben in ihrem Buch „Vivisection and Dissection in the Classroom: A Guide to Conscientious Objection" acht Schritte aufgelistet, deren Befolgung sich als nützlich erweist, bevor rechtliche Schritte eingeleitet werden. Diese beinhalten: zu wissen, wie weit man zu gehen gewillt ist, um auf seinem Recht, sich nicht an Tierversuchen und dem Sezieren von Tieren zu beteiligen, zu bestehen; Einwände zum frühestmöglichen Zeitpunkt zu äußern; allein oder mit Gleichgesinnten das Gespräch mit den Lehrkräften zu suchen und die Ablehnung der Tierversuche argumentativ zu begründen; die Situation vorsichtig und klug einzuschätzen; sich darauf vorzubereiten, eine oder mehrere Alternativen zu präsentieren; alles zu dokumentieren; und sich rechtzeitig um Unterstützung und Hilfe zu bemühen.

Die Suche nach nicht-tierlichen Alternativen

Viele Studenten interessieren sich für nicht-tierliche Alternativen. Es gibt verschiedene Wege, sich über derartige Alternativen zu informieren. Eine nützliche Bezugsquelle solcher Alternativmethoden ist die als ‚NORINA' (A Norwegian Inventory of Audiovisuals) bekannte Datenbank (oslovet.veths.no/NORINA). Seit 1991 wurden Informationen über 3500 audio-visuelle Hilfsmittel (und darüber, wie man sie bekommen kann) gesammelt, die als Alternativen oder Ergänzungen zum Tierversuch innerhalb der biomedizinischen Wissenschaft auf allen Ebenen – von den Grundschulen bis zu den Universitäten – zur Anwendung kommen können. Andere Bezugsquellen von Informationen über nicht-tierliche Alternativmethoden finden sich sowohl in meiner „Encyclopedia of Animal Rights and Animal Welfare" als auch in Amy Blount Achors „Animal Rights: A Beginner's Guide" und in Ursula Zinkos, Nick Jukes' und Corina Gerickes „From Guinea Pig to Computer Mouse: Alternative Methods for a Humane Education".

Es ist richtig und wichtig, zu hinterfragen, wie Wissenschaft gelehrt wird

Es ist wichtig, zu beachten, dass eine kritische Auseinandersetzung mit den Lehrmethoden der Wissenschaft keine radikale oder generelle Ablehnung der Wissenschaft darstellt. Die Frage, wie Wissenschaft gelehrt wird, impliziert keineswegs anti-intellektuelle oder gar radikale Absichten. Man könnte argumentieren, dass vielmehr die oben zitierte Behauptung, „dass das Sezieren und Manipulieren von Gewebeproben und Organen von Tieren notwendige Bestandteile wissenschaftlicher Forschung seien und dass die Studenten dadurch auf die Herausforderungen ihres zukünftigen Berufs vorbereitet würden" (HAPS), unwissenschaftlich ist, solange es an Daten mangelt, die diese Aussage stützen. Das kritische Hinterfragen der Wissenschaft hingegen wird zu einer besseren und verantwortlicheren Wissenschaft und Ausbildung beitragen.

Entscheidungen gegen die Nutzung von Tieren werden eine fundierte Ausbildung nicht gefährden. Der Widerstand gegen die Verwendung von vermeintlich nicht funktionierenden Alternativmethoden gleicht eher einem Dogma als einer Tatsache. Die Durchführung von Tierversuchen ist kein unverzichtbares Element, um etwas über das Leben zu lernen. Zur Tierquälerei gibt es immer Alternativen.

Mit einer Datenbank über Tierversuche wollen die Vereinigung „Ärzte gegen Tierversuche" und der „Bundesverband der Tierversuchsgegner – Menschen für Tierrechte e.V." gemeinsam die Praxis der tier-experimentellen Forschung öffentlich bekannt machen (www.aerzte-gegen-tierversuche.de; www.datenbank-tierversuche.de). Siehe auch: www.tierrechte.de; www.tierschutzbund.de; www.tierschutz-online.com; www.tierversuchsgegner.org; www.tierrechte-nuernberg.de u. a.

Kapitel 14
Wohin führt unser Weg? Die Zukunft liegt in unseren Händen

Fürsorge, Anteilnahme, Respekt, Mitleid und Toleranz: Mit den Tieren sprechen, ihnen zuhören und behutsam mit ihnen umgehen

Es wäre zu einfach, nur über den Schutz der Umwelt und anderer Lebewesen zu sprechen, um dann den auftretenden Problemen den Rücken zu kehren und darauf zu vertrauen, dass es immer andere Menschen geben wird, die über mehr Zeit verfügen und die sich aktiv um diese Belange kümmern werden. Es wäre zu einfach, die Verantwortung *und* die Verpflichtung an andere weiterzugeben.

Was also müssen wir tun? Es ist ganz einfach – wir müssen uns fragen, warum wir den Tieren auch weiterhin so grausame Dinge antun und warum wir die Umwelt zerstören. Es ist offensichtlich, dass viele Dinge, die in der Vergangenheit funktioniert zu haben scheinen, tatsächlich überhaupt nicht funktioniert haben. Es bedarf dringend einiger gravierender Veränderungen in nächster Zukunft, und wir können damit nicht warten, bis wir den Zeitpunkt ihrer Umsetzung für geeignet halten. *Wir haben keine Zeit zu verlieren und müssen uns ernsthaft mit der Dringlichkeit der Lage auseinander setzen.*

Roger Fouts, ein Psychologe, der lange Zeit die Kommunikation zwischen Menschen und Schimpansen (wie zum Beispiel Washoe) erforscht hat, schrieb kürzlich das wundervolle Buch „Unsere nächsten Verwandten: Von Schimpansen lernen, was es heißt, ein Mensch zu sein". In diesem Buch kommt Fouts zu dem Schluss, dass von Menschen, die sich um Tiere sorgen und auch entsprechend handeln, eine heilende Wirkung ausgeht.

Obwohl nicht alle Menschen der Auffassung sind, dass die Tiere oder die Umwelt nur zu unserem egoistischen Gebrauch und Missbrauch existieren, ist doch in vielen Kreisen menschliche Arroganz vorherrschend. Aufgrund dieser menschenbezogenen Einstellung und der (Allein-)Herrschaft des Menschen über die lebendige (belebte) und nicht-lebendige (unbelebte) Umwelt erleiden die Tiere große Verluste und unermesslichen Schaden. Um den langfristigen Erhalt der kostbaren und empfindlichen Ressourcen auf diesem Planeten und im Universum zu sichern, werden die Menschen ihre anthropozentrischen und egoistischen Interessen beiseite legen und miteinander statt gegeneinander arbeiten müssen. Die Menschen müssen sich außerdem gemeinsam darum bemühen, den Wert anderer lebender und auch unbelebter ‚Mitbewohner' auf diesem Planeten und im Universum zu würdigen und zu respektieren und ein harmonisches Miteinander zu erreichen. Sie werden ernsthaft versuchen müssen, sich in die Lage der Tiere hineinzuversetzen, deren Leben sie aufs Spiel setzen, *und ihren Gefühlen werden Taten folgen müssen.*

Der Entschluss, etwas zu tun: Jeder von uns zählt und jeder von uns kann etwas bewirken

Es gibt so vieles, was man tun kann, um anderen Lebewesen und der Welt im Ganzen zu helfen. Diese Welt ist voller Wunder, und die Natur verteilt ihre Geschenke sehr großzügig. Wie ich bereits betonte, gibt es zur Tierquälerei und Grausamkeit *immer* Alternativen, und es ist wichtig, dies zu bedenken.

Ein guter Anfang wäre beispielsweise die langfristige Kontaktaufnahme mit Organisationen, die sich um das Wohlergehen von Tieren kümmern – eine Liste mit Adressen findet sich am Ende des Buches. Jane Goodall entwickelte das ‚Roots & Shoots-Programm', das der Unterstützung junger Menschen bedarf, die sich an Projekten beteiligen, die sowohl der Umwelt und den Tieren als auch der menschlichen Gemeinschaft zugute kommen. Die beiden Hauptaussagen des Programms sind: (a) „Jedes Individuum zählt und kann etwas bewirken, und das jeden Tag"; und (b) „Nur wenn wir verstehen, können wir uns kümmern; nur wenn wir uns kümmern, können wir helfen; nur wenn wir helfen, werden wir alle überleben" (www.janegoodall.org). Weitere Kontaktadressen sind: www.vier-pfoten.de; www.peta.de; www.berggorilla.com; www.primatis.de; www.vrz.net/humanitas, www.tierschutzbund.de u. a.

Wir müssen miteinander reden und eine Verbindung mit den anderen Tieren eingehen. Wir müssen die Tiere in die Diskussionen über ihr Leben einbeziehen. Das Knüpfen von Bindungen zu anderen Tieren erleichtert auch das Knüpfen von Bindungen zu anderen Menschen. Es besteht ein Zusammenhang zwischen dem Kontakt junger Menschen mit Haustieren und der sozialen Entwicklung von Kindern und Jugendlichen, z. B. hinsichtlich ihrer Gefühle anderen Kindern gegenüber. Die Organisation ‚Green Chimneys', die sich dem Schutz und der Fürsorge aller Lebenwesen widmet, zeigt Menschen die Vorteile, die es mit sich bringt, enge Bindungen zu Tieren aufzubauen (www.pcnet.com/ ~gchimney/ index.html). Die Zukunft liegt in unseren Händen. Wir sind die Zukunft. Wenn unser Gefühl uns sagt, dass Dinge im Argen liegen, dann sollten wir diesem Gefühl vertrauen.

Zusätzlich zu der Möglichkeit, Fragen zu stellen, wie ich sie präsentiert habe, gibt es noch andere Dinge, die man tun kann. Ich werde einige Ideen vorstellen, und ich bin sicher, dass es noch viele weitere Möglichkeiten gibt, diese Liste zu ergänzen.

Wie Tiere dargestellt werden und welche Unterschied es macht

Die Art und Weise, wie Tiere in der Werbung, im Fernsehen, in Filmen und in Cartoons dargestellt werden, beeinflusst die Art und Weise, wie Menschen über Tiere denken. Häufig werden den Tieren menschliche Merkmale oder Eigenschaften, insbesondere die Fähigkeit zu sprechen, zugeschrieben. Die Tiere werden eingekleidet, mit Perücken versehen und geschminkt. ‚The Chimpanzee Channel' stellt Individuen in dieser irreführenden Weise dar, und viele Menschen sind besorgt darüber, in welcher Weise Schimpansen und Orang-Utans fälschlicherweise als Menschen präsentiert werden. Sie sind keine Menschen, und sie sollten auch nicht als solche dargestellt werden.

Unser Bild von Delphinen hat ebenfalls unter dem menschlichen Einfluss gelitten. So wurde beispielsweise das ‚Image' des berühmten Delphins Flipper (tatsächlich waren es fünf Flippers) eigens erschaffen, um menschliche Interessen zu wahren. Richard O'Barry, der erste Trainer von Flipper, glaubte sogar, dass Flipper eine Illusion sei, eine Erfindung Hunderter von Menschen, die diese Legende schufen. O'Barrys Geschichte, die in dem Buch „Behind the Dolphin Smile" beschrieben wird, ist ein hervorragendes Beispiel für jemanden, der mit der Zeit realisiert hat, dass es falsch ist, Delphine zur kommerziellen Ausbeutung in Bassins zu halten. Unsere Denkweise, dass wir nach Belieben mit so wundervollen Tieren wie Delphinen umgehen und alles mit ihnen machen können, hat zur Ausbeutung des ‚Flipper-Images' und zur Entwicklung großer und profitabler Unternehmen, so genannter ‚Delphinarien' geführt, von denen jedes über seinen ‚obligatorischen Flipper' verfügt. Schätzungen zufolge wurden über dreihundert Tümmler allein nach Großbritannien importiert, von denen über hundert Tiere die Gefangenschaft nicht lange überlebten (vgl. W. Johnson: „Zauber der Manege? Der grausame Alltag der Tiere in Zirkus, Tierschau und Delphinarium"; siehe auch: www.tierrechte-nuernberg.de/Delfinarium/ und www.delphinschutz.org).

Elizabeth Paul von der University of Edinburgh zeigte kürzlich, dass Fernsehsender in Großbritannien die Auffassung von einer Hierarchie ‚höherer' und ‚niederer' Lebewesen begünstigen, indem ‚niedere' Lebewesen als weniger leidensfähig eingestuft oder wahrgenommen werden als ‚höhere' Lebewesen. So wurde Tierquälerei gegenüber Säugetieren nicht toleriert, während Grausamkeit gegenüber Fischen und wirbellosen Tieren geduldet wurde. Sie fand außerdem heraus, dass auf die Darstellung von Säugetieren als ‚Fleischlieferanten' tendenziell eher verzichtet wurde. Elizabeth Paul vergleicht diesen Umstand mit dem Unwohlsein, das viele Erwachsene befällt, die Freundlichkeit gegenüber Tieren befürworten und gleichzeitig zulassen, dass Tiere zu Nahrungszwecken getötet werden. Sie wollen nicht, dass ihre Kinder wissen, dass ein Hamburger ‚eine Kuh auf einem Brötchen' ist. Dennoch ist es wichtig, dass diese Informationen weite Verbreitung finden.

Wenn ein Tier in einer Umgebung gezeigt wird, die den natürlichen Bedingungen nicht entspricht, wird eine falsche Botschaft übermittelt. Ein genaues Verständnis des Wesens von Tieren wird dadurch verhindert. Werbespots im Fernsehen zeigen oft Berglöwen oder andere Tiere, um zu suggerieren, dass ein Sofa weich und bequem ist. Die falsche Darstellung des Löwen als sanftes und kuscheliges Wesen fördert keineswegs das Verständnis oder die Wertschätzung des wahren Naturells dieser Tiere oder ihrer Lebensweise. Diese Verzerrung vermittelt darüber hinaus auch ein falsches Bild des menschlichen Ranges in der Natur, was sich sehr nachteilig auf die Zukunft auswirken kann.

Der Versuch, den Standpunkt der Tiere einzunehmen

Die Darstellung von Tieren als Objekte begünstigt die Wahrnehmung von Tieren als Gebrauchsgegenstände. Wenn irgendetwas schief geht, werden Tiere allzu leicht ‚ausrangiert' oder ersetzt. Wir müssen versuchen, den Standpunkt der Tiere einzunehmen. Wir sollten uns vorstellen, wie ihre Welten ihnen erscheinen. Wie mag es sein, eine Fledermaus zu sein, umherzufliegen, kopfüber zu schlafen und über ein so sensibles Gehör zu verfügen? Wie wäre es, ein Hund mit einer sehr empfindlichen Nase und sehr guten Ohren zu sein? Stellen Sie sich vor, wie es wäre, eine Gazelle, ein Wolf, ein Kojote oder ein Reh in freier Natur zu sein. Wir sollten uns das, was die Tiere uns so selbstlos und großzügig anbieten, zunutze machen. Ihre Welten sind wirklich ehrfurcht- und respekteinflößend. Es ist erforderlich, Tiere nicht nur *anzuschauen*, sondern sie zu *sehen*, sie so zu *sehen*, wie sie wirklich sind, und nicht so, wie wir es gern hätten.

Der Biologe David Macdonald von der Oxford University in England sagt voller Stolz über seine Feldforschung: „Ich erforsche Füchse, weil ich noch immer von ihrer außergewöhnlichen Schönheit fasziniert bin, weil sie mich überlisten, weil sie dafür sorgen, dass mein Gesicht mit Wind und Regen vertraut ist ... weil es Spaß macht." Es sollte Spaß machen, das Leben der Tiere zu verbessern! Nun sollten wir uns vorstellen, wie es wäre, eingesperrt zu werden, verfolgt, gefangen, angefasst, unterdrückt, isoliert, verstümmelt und geschlagen zu werden, zu verhungern, Entbehrungen zu erleiden, in heißes Wasser getaucht oder einem schmerzhaften Experiment ausgesetzt zu sein, ohne fliehen zu können. Es ist kein schönes Bild.

Ist es wirklich glaubhaft, dass Menschen die einzige Spezies sind, deren Mitglieder denken, Schmerz und Angst erleben und leiden können? Auch wenn wir uns erheblich von Hunden oder Katzen unterscheiden, gibt es keinen Grund, anzunehmen, dass Hunde, Katzen und viele andere Tiere nicht auf ihre eigene Weise denken, Schmerz empfinden und leiden können. Viele Menschen, die glauben, dass *nur* Menschen über Bewusstsein und Leidensfähigkeit verfügen, sind wirklich sehr darum bemüht, ihren eigenen ‚hohen Rang' auf der ‚Stufenleiter der Natur' zu sichern, auf der Menschen über allen anderen Lebewesen und getrennt von allen andern Lebewesen zu rangieren glauben.

Richard Ryder, ein britischer Psychologe, der zum Fürsprecher der Tiere wurde, bemerkt in seinem Buch „The Political Animal: The Conquest of Speciesism": „Die einfache Wahrheit ist, dass wir andere Tiere ausbeuten und ihnen Leid zufügen, weil wir stärker und mächtiger sind als sie. Bedeutet das, dass wir, wenn Außerirdische auf der Erde landen würden, die sich als viel stärker und mächtiger erweisen als wir, ihnen ohne Einwände erlauben würden, uns für ihr Vergnügen zu jagen und zu töten, an uns zu experimentieren, uns in Fabrikfarmen zu züchten und in schmackhafte ‚Menschen-Burger' zu verwandeln? Würden wir ihre Erklärung akzeptieren, dass es für sie völlig moralisch sei, all diese Dinge zu tun, weil wir keine Mitglieder ihrer Spezies sind?"

Menschen sind ein Teil der Natur, nicht abgeteilt von der Natur: Von der Liebe zu den Tieren und der Natur

Der Theologe Thomas Berry betont, dass wir um ein wohlwollendes Auftreten in der Natur bemüht sein sollten. Ich stimme dem zu. *Menschen sind ein Teil der Natur, nicht abgeteilt von der Natur.* Die Menschen können ihren Krieg mit dem Rest der Welt nicht weiterhin fortsetzen. Die Zerbrechlichkeit der natürlichen Ordnung – das empfindliche Gleichgewicht des Lebens – erfordert, dass wir alle einträchtig daran arbeiten müssen, um die Ganzheit, die Güte und die Großzügigkeit der Natur nicht zu zerstören.

Wir brauchen jetzt eine mitfühlende Ethik der Fürsorge und Anteilnahme, damit die wechselseitige Verbindung und das, was die Welt im Innersten zusammenhält, nicht verloren gehen. Ohne die Tiere würden wir in einem stark verarmten und langweiligen Universum leben. Eine traurige Vorstellung ...

Wenn wir den Kreis des Respekts und des Verständnisses erweitern, kann das helfen, uns alle zusammenzubringen. Die Gemeinschaft ‚da draußen' muss zur Gemeinschaft ‚hier drinnen', in unseren Herzen, werden. Wir müssen Gefühle in Taten verwandeln. *Wir bedürfen der Liebe zur Natur.*

Ethische Bereicherung

Es entspricht der Tradition der Wissenschaft, sich auch mit Fragen der Moral auseinander zu setzen. Die Berücksichtigung moralischer Belange kann unsere Sichtweise von Tieren in ihren je eigenen und von unseren so verschiedenen Wahrnehmungs- und Lebenswelten bereichern, und sie hilft uns zu erkennen, dass die Verschiedenheit der Lebewesen Respekt, Bewunderung und Wertschätzung verdient. Die Beschäftigung mit ethischen Fragen kann außerdem den Kreis der Möglichkeiten erweitern, innerhalb dessen wir mit anderen Lebewesen umgehen können, ohne ihr Leben zu zerstören. Die ethische Auseinandersetzung kann uns helfen, Alternativen zu früheren Handlungsweisen zu finden, die den Tieren gegenüber respektlos waren und letztendlich weder uns noch den Tieren gedient haben. Auf diese Weise ist die Erörterung moralischer Aspekte sowohl für die Tiere als auch für uns selbst bereichernd. Die Berücksichtigung wichtiger moralischer Fragen kann unseren Horizont eher erweitern als einengen, indem wir neue Möglichkeiten für die Art unseres Umgangs mit Tieren in Betracht ziehen können, Möglichkeiten, die sowohl anderen Tieren als auch uns selbst zugute kommen. Wenn wir glauben, dass ethische Überlegungen uns eher einschränken und nur unnötige Hürden errichten, über die wir springen müssen, um zu erreichen, was wir erreichen möchten, werden uns wertvolle Gelegenheiten entgehen, mehr über andere Tiere und auch mehr über uns selbst zu erfahren und zu lernen. *Unsere größten Entdeckungen werden wir machen, wenn unsere moralischen Beziehungen zu anderen Tieren auf Respekt statt auf Ausbeutung gründen.*

Die Trennung zwischen ‚uns' und ‚ihnen' vermittelt eine falsche Zweiteilung der Begriffe, die zu einer Distanz beiträgt, welche die Entwicklungsmöglichkeiten zahlreicher und inniger Beziehungen unter allen Lebewesen eher zerstört als bereichert. Die Primatologin Barbara Smuts von der University of Michigan schrieb: „Mein eigenes Leben hat mich überzeugt, dass die Einschränkungen, denen die meisten von uns in ihren Beziehungen mit anderen Tieren begegnen, nicht deren Unzulänglichkeit widerspiegelt, wie wir so oft annehmen, sondern unsere eigene begrenzte Auffassung darüber, wer sie sind und welche Art von Beziehungen wir zu ihnen entwickeln können."

Wissenschaft betreiben und Tiere respektieren: Die Vereinbarkeit von Tatsachen und Werten

Das Studium nicht-menschlicher Lebewesen ist ein Privileg, das nicht missbraucht werden sollte. Wir müssen dieses Privileg ernst nehmen. Obwohl die Sachverhalte sehr schwierig und herausfordernd sind, heißt das nicht, dass es unmöglich wäre, mit ihnen umzugehen. *Zweifellos können wir die Tiere nicht aufgrund unserer Unfähigkeit, uns über schwierige Themen zu einigen, leiden lassen.*

Wenn wir hinterfragen, in welcher Weise Menschen Tiere (be-)nutzen, werden wir zu fundierteren Entscheidungen im Bezug auf die Tiernutzung kommen. Indem derartige Entscheidungen verantwortungsvoll getroffen werden, können wir dazu beitragen, dass wir die Fehler der Vergangenheit in der Zukunft nicht wiederholen werden. Wir können uns für eine Welt einsetzen, in der Menschen und andere Lebewesen in der Lage sein könnten, die Schätze unseres endlichen Planeten friedvoll miteinander zu teilen.

In seinem Buch ‚Saving America's Wildlife" bemerkt Thomas Dunlap, dass die Rolle der Wissenschaft in der Entwicklung und Veränderung von Ideen höchst zweifelhaft ist. Viele Menschen begegnen Wissenschaftlern mit Respekt und schreiben ihnen spezielle Fähigkeiten zu, drohendes Unheil abzuwenden. Dennoch wird es den Wissenschaftlern und der Wissenschaft allein nicht gelingen, effektiv mit den vielen schwierigen und verwirrenden Problemen umzugehen, die sich aus der Diskussion über die Beschaffenheit der Interaktionen zwischen Mensch und Tier ergeben. Persönliche und kulturelle Werte beeinflussen die Wahl, die wir alle treffen, und auch der ‚gesunde Menschenverstand' spielt eine große Rolle bei unseren Entscheidungen. Zukünftig wird die ‚Wissenschaft' Werte und Fakten miteinander verbinden müssen, und die Wissenschaftler werden herausfinden müssen, in welchem Maß und in welcher Weise diese bei unseren zukünftigen Entscheidungen berücksichtigt werden müssen.

‚Tiefe Ethologie': Respekt vor den Botschaftern der Natur

Ich verwende den Terminus ‚Tiefe Ethologie', um zu betonen, wie wichtig es ist, dass Menschen erkennen, dass sie nicht nur ein wesentlicher Bestandteil der Natur sind, sondern auch, dass sie eine einzigartige Verantwortung der Natur gegenüber haben. ‚Tiefe Ethologie' bedeutet außerdem, allen Lebewesen Respekt, Wertschätzung und Mitgefühl entgegenzubringen und alle Lebewesen mit dem Herzen wahrzunehmen. ‚Tiefe Ethologie' bedeutet, dem Speziesismus zu widerstehen. Ein tiefer Respekt vor Tieren muss sich auch in unserem Verhalten widerspiegeln. Es reicht nicht aus, Tiere zu respektieren, um dann mit ihnen umzugehen, wie immer es uns beliebt.

Unser Ausgangspunkt sollte zunächst sein, dass wir nicht störend in das Leben anderer Tiere eingreifen, bevor wir nicht begründen können, dass wir das Recht haben, die Maxime aufzuheben, dass unsere Handlungen ungeachtet unserer Eigeninteressen und Wünsche im besten Interesse der Tiere sein sollen. Wenn wir unsicher sind, inwieweit wir das Leben anderer Tiere beeinflussen, sollten wir zugunsten der Tiere entscheiden.

Wie ich zuvor schon erwähnte, beinhalten einige Leitprinzipien die Bereitschaft: (1) zuallererst anderen Lebewesen Respekt, Mitgefühl und Bewunderung entgegenzubringen; (2) den Standpunkt der Tiere einzunehmen und ernst zu nehmen; (3) zugunsten der Tiere zu entscheiden, wenn Zweifel an der Art ihrer Schmerz- und Leidensempfindung bestehen; (4) zu erkennen, dass fast alle gängigen Methoden, das Leben und Verhalten von Tieren selbst in freier Wildnis zu erforschen, Eingriffe in ihr Leben darstellen (in weiten Teilen der Forschung werden Tiere ausgebeutet); (5) zu erkennen, wie fehlgeleitet speziesistische Standpunkte im Hinblick auf so unbestimmte Begriffe wie Intelligenz und kognitive oder mentale Komplexität für die Einschätzung des Wohlergehens sind; (6) sich auf die Bedeutsamkeit von Individuen zu konzentrieren; (7) die individuelle Verschiedenheit und Vielfalt der Tiere, ihrer Bedürfnisse und ihrer Lebensräume angemessen zu würdigen; (8) sich auf das zu berufen, was einige als fragwürdige Gaben, die keinen Platz in der Wissenschaft haben, bezeichnen, wie zum Beispiel gesunden Menschenverstand und Einfühlungsvermögen; und (9) sich weit reichender Regeln der Loyalität und der ‚Nicht-Einmischung' als Richtlinien zu bedienen.

Freundschaften und Beziehungen mit anderen Lebewesen knüpfen: Die Liebe zur Umwelt

Wenn wir wollen, dass unsere Kinder so gut wie möglich heranwachsen und die wirklich wichtigen Fähigkeiten erlernen, müssen wir ihnen erst erlauben, die Erde zu lieben und zu schätzen, bevor wir sie dazu auffordern, sie zu retten. Vielleicht war es das, was Thoreau meinte, als er sagte: ,Je langsamer Bäume zu wachsen beginnen, umso kräftiger sind sie im Kern, und ich glaube, das gilt auch für Menschen.' (David Sobel: „Beyond ecophobia: Reclaiming the heart in nature education")

Wir und alle Tiere, mit denen wir unsere Zeit und unseren Raum teilen, sollten uns als Freunde und Partner in einer Gemeinschaft begreifen. Es ist wichtig, daran zu erinnern, dass es enge Zusammenhänge zwischen Aktivitäten geben kann, die auf den ersten Blick scheinbar in keiner Beziehung zueinander stehen, so wie beispielsweise das Abholzen von Wäldern und das Töten von Tieren als ‚Buschfleisch' miteinander verknüpft sind, weil die Jäger durch die von den Abholzfirmen gebauten Straßen erst Zugang zu den Tieren erhalten, die sie töten wollen. Selbst der Kauf von Musikinstrumenten, wie zum Beispiel Gitarren, kann mit der Tötung von Tieren und dem Sterben empfindlicher Wälder im Zusammenhang stehen.

Bei unseren Bemühungen, mehr über die ‚Lebenswelten' anderer Tiere zu erfahren, müssen wir viele verschiedene Spezies aufmerksam studieren. Wir sollten keine Angst vor möglichen Erkenntnissen über das Bewusstsein, die Intelligenz und die Leidensfähigkeit von Tieren haben, die aus der Erweiterung unseres Wissens über andere Spezies resultieren könnten. Wir können die leidenden Tiere nicht wie bisher aus der Ferne betrachten, und wir sollten uns über die mannigfache Weise, in der wir die Welt um uns herum schädigen, nicht hinwegtäuschen. Wir haben uns so sehr an unsere Herangehens- und Betrachtungsweise gewöhnt, dass wir in gewisser Weise das Gefühl haben, es gebe nichts daran auszusetzen und es sei alles in bester Ordnung.

Sue Savage-Rumbaugh, die durch ihre Studien der ‚Affensprache' mit Kanzi, einem Bonobo, bekannt wurde, hat betont, dass es an der Zeit ist, den Kurs zu ändern, und dass wir unsere Augen, unsere Ohren, unseren Verstand und unsere Herzen öffnen sollten.

Wir müssen in der Wahrnehmung unserer Welt achtsamer und sensibler werden. Es ist an der Zeit, zu lernen, was Tiere uns und anderen Tieren wirklich sagen. Wenn wir dies beherzigen, werden wir im Interesse aller Lebewesen handeln können. Niemand kann in diesem eng miteinander verwobenen Universum nur für sich existieren.

Wenn wir in unseren Bemühungen nachlassen, dem Missbrauch von Tieren entgegenzuwirken, und wenn es uns nicht gelingt, strenge Richtlinien und Gesetze durchzusetzen und einzuhalten, dann fürchte ich, dass noch größerer und unwiderruflicher Schaden entstehen wird. Wir müssen enge und wechselseitige Beziehungen mit allen Wesen in dieser ‚mehr-als-menschlichen Welt' eingehen. *Wir müssen ihnen mit Respekt und Liebe begegnen.*

Ich hoffe, dass alle Lebewesen auf diesem Planeten von einer offenen Diskussion und Auseinandersetzung über tierlich-menschliche Beziehungen profitieren. Wenn die Tiere verlieren, verlieren wir alle. *Jeder einzelne Verlust beeinträchtigt uns selbst und den Planeten.* Wenn also Zweifel über bestimmte Sachverhalte und Entwicklungen bestehen, sollten wir uns nicht scheuen, mit praktizierenden Wissenschaftlern und Menschen, die Tiere in anderer Weise nutzen, darüber zu sprechen. Wir sollten auch mit unseren Freunden und Verwandten über unsere diesbezüglichen Zweifel und Gefühle reden – es ist nie zu spät für eine Veränderung. Wer weiß, vielleicht werden wir alle etwas lernen, was wir mit anderen teilen können.

Es mag sein, dass sowohl Zoobesuche als auch Jagen und Angeln gesellschaftliche Ereignisse oder familienorientierte Aktivitäten darstellen, die der Bindung von Eltern und ihren Kindern dienen, aber gibt es nicht bessere Möglichkeiten, Zeit mit der Familie zu verbringen, als Tiere in Käfigen zu betrachten oder sie zu ängstigen, zu stören, zu quälen, zu verstümmeln oder sie zu töten? Wir sollten über andere, tierfreundliche Aktivitäten nachdenken, an denen wir mit unseren Freunden und Familien teilnehmen können – Aktivitäten, die sowohl den Tieren als auch der Umwelt zugute kommen.

Wir sind die Stimmen für ‚sprachlose' Tiere: Zurück zum ABC des Tierschutzes und des Mitgefühls

Wir dürfen nicht vergessen, dass wir die Stimmen für die ‚sprachlosen' Tiere sind. Wir sollten allen Tieren durch unser Handeln zeigen, dass wir ihr Leben ernst nehmen und respektieren. Wir sollten versuchen, uns für die Großzügigkeit der Natur zu revanchieren. Wie meist im Leben werden wir zurückbekommen, was wir gegeben haben. Wenn wir Liebe und Respekt geben, werden wir Liebe und Respekt empfangen.

So ende ich, wie ich begonnen habe. Zum ABC des Tierschutzes zählen Fürsorge, Mitgefühl und die Anteilnahme am Leben der Tiere. Es ist eine sehr ernste Angelegenheit, Entscheidungen darüber zu treffen, wer leben darf und wer leiden oder sterben muss. Wir sollten uns deutlich hörbar gegen den Missbrauch von Tieren in Zoos und Zirkussen, bei Sport-Jagden und Rodeos, in der Massentierhaltung, in den verschiedensten Forschungsbereichen, in Tierversuchen, im Fernsehen, in Filmen und in der Werbung aussprechen und solche Veranstaltungen boykottieren, bei denen Tiere missbraucht und misshandelt werden.

Wir müssen vorausschauend handeln und den Missbrauch von Tieren vermeiden, bevor er stattfindet. Henry Spira ist es gelungen, große Fortschritte für die Abschaffung des Draize-Tests zu erzielen, und durch den Druck der Öffentlichkeit wurde beispielsweise die Nutzung von Mastkälbern erheblich eingeschränkt. Zwei Menschen, Helen Steel und Dave Morris, waren in der Lage, die Firma McDonald's in den längsten Prozess in der Geschichte Großbritanniens zu verwickeln (der so genannte ‚McLibel-Fall'). Sie konnten nachweisen, dass McDonald's seine Produkte in Anzeigen fälschlicherweise als gesunde Ernährung bezeichnet, die Gesundheit seiner Langzeitkunden gefährdet und für Tierquälerei an den Tieren, die für McDonald's-Produkte gezüchtet werden, ‚schuldhaft verantwortlich' ist (siehe: www.mcspotlight.org sowie: www.peta.de und www.fellbeisser.de).

Je größer unsere Unkenntnis bestimmter Themen ist, desto größer ist oft unser Widerstand gegen eine Veränderung. Manchmal fürchten wir uns vor dem Unbekannten. Ich hoffe, dass Sie nun mehr darüber wissen, wie man sich für Tiere einsetzen und Tiere schützen kann, und dass es Ihnen möglich sein wird, verantwortungsvollere Entscheidungen zu treffen, nachdem Sie diese Sachverhalte mit Freunden, Familienmitgliedern oder auch in der Schule diskutiert haben.

Vergessen wir nicht, dass wir den Schlüssel zur Zukunft in den Händen halten. Wir sind die Zukunft. Wir müssen unser Wissen umsetzen, um die Welt, in der so viele wunderbare Geschöpfe leben, verantwortungsvoll mitzugestalten. Jeder Einzelne von uns kann etwas bewirken. Wir sollten mit unseren Verwandten harmonisch zusammenleben, statt uns immer weiter von ihnen zu entfernen.

Zwölf Jahrtausend-Mantras von Marc Bekoff und Jane Goodall

Das neue Jahrtausend hat begonnen. Wir sollten uns klar darüber werden, wer wir sind und wohin uns unser Weg führt. Ist es annehmbar, nicht nur menschliches Leid, sondern auch die maßlose Not der anderen Lebewesen, mit denen wir diesen Planeten teilen, zu beklagen? Können wir z. B. um ‚Sissy' weinen, den schwer misshandelten Elefanten im Zoo von El Paso, oder um die Schimpansin ‚Trudy' aus dem Chippenfield Circus in England? Können wir auch um die Millionen von Tieren in den Laborgefängnissen und um die Milliarden von Tieren, die zu Nahrungs- und Bekleidungszwecken gefoltert und geschlachtet werden, trauern? Können wir die Zerstörung der Natur, das Verschwinden der Wälder, der Sümpfe, der Savannen und der Gewässer aufrichtig bedauern? Wir hoffen, dass diese zwölf Leitsätze für zukünftige Generationen etwas verändern können:

Eins: Mitgefühl und Einfühlungsvermögen für Tiere bringt Mitgefühl und Einfühlungsvermögen für Menschen hervor. Grausamkeit gegenüber Tieren bringt Grausamkeit gegenüber Menschen hervor.

Zwei: Jedes Leben hat einen Wert und sollte respektiert werden. Jedem Tier wohnt sein oder ihr je eigener Lebensfunke inne. Tiere sind nicht unser Eigentum. Alle lebenden Kreaturen verdienen diese elementaren Rechte: das Recht auf Leben, den Schutz vor Folter und die Freiheit, sich ihrer individuellen Natur gemäß zu entfalten. Wenn wir dem zustimmen, würden wir in anderer Weise mit Tieren umgehen. Jemand, der diese Rechte missachtet, sollte zwingende Gründe angeben können, und jedes Tier, welches wir schädigen oder verletzen, sollten wir um Verzeihung bitten.

Drei: Behandle andere so, wie du von Ihnen behandelt werden willst. Stell dir vor, wie es wäre, eingesperrt, gefangen, unterdrückt, isoliert, verstümmelt und geschlagen zu werden, zu verhungern, sozialer Kontakte beraubt zu werden und kopfüber hängend den Tod erwarten oder mit ansehen zu müssen, wie andere geschlachtet werden. Biologische Daten zeigen eindeutig, dass viele Tiere körperlich und seelisch leiden und Schmerz empfinden können.

Vier: Herrschaft ist nicht gleichzusetzen mit Tyrannei. Unsere ‚Vorherrschaft' über die Tiere resultiert ausschließlich auf unserem mächtigen und allgegenwärtigen Intellekt – und nicht etwa aus der Tatsache, dass wir moralisch überlegen wären, oder daraus, dass wir ein ‚Recht' hätten, diejenigen auszubeuten, die sich nicht selbst verteidigen können. Lasst uns unseren Verstand benutzen, um uns von der Tierquälerei abzuwenden und uns dem Mitgefühl zuzuwenden, um statt kalter Gleichgültigkeit Mitleid zu empfinden und um den Schmerz der Tiere in unseren Herzen zu fühlen.

Fünf: Menschliche Wesen stehen nicht außerhalb des Tierreichs. Sie sind ein Teil des Tierreichs und nicht vom Tierreich abgetrennt. Die Trennung zwischen ‚uns' und ‚ihnen' liefert ein falsches Bild und ist für sehr viel Leid verantwortlich. Die gruppenspezifische Wahrnehmung und Bewertung von Lebewesen, d. h. die Unterscheidung von ‚Eigengruppe' und ‚Fremdgruppe', ist ein Faktor, der zur Unterdrückung der Schwachen durch die Starken führt, sei es in ethnischen, religiösen, politischen oder sozialen Konfliktbereichen des Menschen. Lasst uns unsere Herzen für eine wechselseitige Beziehung mit anderen Tieren öffnen, eine Beziehung, bei der jeder der Beteiligten sowohl gibt als auch nimmt. Es wird reines und unbeschwertes Vergnügen bereiten.

Sechs: Stell dir eine Welt ohne Tiere vor: kein Vogelgezwitscher, kein Summen Honig suchender Bienen, keine quakenden Frösche und keine blökenden Schafe. Der Gedanke an einen ‚stummen Frühling' (‚silent spring'), den Rachel Carson entfaltet hat, hat uns berührt. Nun müssen wir mit der Aussicht auf stumme Sommer, Herbste und Winter rechnen.

Sieben: Geh behutsam mit Tieren um. Greif nur dann ein, wenn es im besten Interesse der Tiere sein wird. Stell dir eine Welt vor, in der wir alle Tiere wirklich respektieren und bewundern, ihnen aufrichtiges Mitgefühl, Mitleid und Verständnis entgegenbringen. Stell dir vor, wie wir dadurch von Schuld befreit würden, bewusst oder unbewusst.

Acht: Triff mit dem, was du kaufst, tust oder siehst, eine moralische Wahl. In einer konsumorientierten Gesellschaft können unsere individuellen Entscheidungen, sofern wir sie gemeinschaftlich zum Wohl der Tiere und der Natur einsetzen, die Welt schneller verändern, als Gesetze es könnten.

Neun: Beweise Zivilcourage. Sag niemals nie. Handle vorausschauend und beuge dem Missbrauch von Tieren vor, bevor er entsteht. Handle jetzt. Habe den Mut, Dinge beim Namen zu nennen, um die kostbaren und empfindlichen Ressourcen der Welt zu retten und zu erhalten. Lebe so gut es geht in Harmonie mit der Natur und respektiere den inneren Wert allen Lebens und des außerordentlichen Zusammenspiels von Erde, Wasser und Luft.

Zehn: Jedes Individuum ist von Bedeutung und hat eine Aufgabe zu erfüllen. Unsere Taten bewirken etwas. Der Druck der Öffentlichkeit war bereits für viele soziale Veränderungen verantwortlich, einschließlich einer ‚humaneren' Behandlung von Tieren. Couragierte Arbeitnehmer haben unhaltbare Zustände in Laboratorien, Zirkussen, Schlachthöfen und vielen anderen Bereichen aufgedeckt, oft sogar auf Kosten ihres Arbeitsplatzes oder Berufs: Henry Spira organisierte friedliche Demonstrationen, die dazu geführt haben, den Draize-Test, bei dem Kaninchen oder andere Tiere verletzt werden, um etwas über die Wirksamkeit von Lidschatten zu erfahren, in Frage zu stellen. Seine Erfolge führten außerdem zur Entstehung von Zentren, die sich der Entwicklung von nicht-tierlichen Alternativen widmen und von den Kosmetikfirmen selbst unterstützt werden. Öffentlicher Druck führte auch zu einem beachtlichen Rückgang des Kalbfleischkonsums, und ein großer Kaufhaus-Konzern stellte nach Bekanntwerden der Missstände die Förderung des Ringling Brothers Barnum & Baily Circus ein. Helen Steel und Dave Morris haben McDonald's den längsten Prozess in der britischen Geschichte beschert (den so genannten ‚McLibel-Fall') und unter anderem gezeigt, dass McDonald's ‚schuldhaft verantwortlich' ist für die grausame Behandlung von Tieren. Das sind nur wenige Beispiele dafür, dass es möglich ist, Zustände, die wir nicht länger akzeptieren können, zum Besseren zu wenden.

Elf: Sei ein leidenschaftlicher Visionär, ein mutiger Vorkämpfer. Bekämpfe Tierquälerei und verbreite Mitgefühl. Hab keine Angst davor, Gefühle zu zeigen. Hab keine Angst davor, zu großzügig oder zu hilfsbereit zu sein. Es gibt trotz allem gute Gründe, optimistisch zu bleiben, auch wenn vieles im Argen liegt. Lasst uns die außergewöhnlichen Fähigkeiten, über die wir Menschen verfügen, nutzbar machen. Gemeinsam können wir diese Welt zu einem besseren Ort für alle Lebewesen machen, und im Hinblick auf unsere Kinder und nachfolgende Generationen müssen wir dies auch tun. Wir müssen mit unseren Verwandten harmonisch zusammenleben, statt uns immer weiter von ihnen zu entfernen.

Zwölf: Wenn die Tiere verlieren, verlieren wir alle. Jeder einzelne Verlust schwächt uns selbst ebenso wie die großartige Welt, in der wir alle zusammen leben.

Danksagung

Ich danke Katherine Lewis, Dodi Boone und Stephanie Shain von AAVS für ihre ausführlichen und überaus hilfreichen Kommentare zu diesem Manuskript. Sara Goering, Gary Francione, Margaret Wallace, Carron Meaney, Marjorie Bekoff, Barbara Fiedler, Bruce Gottlieb, Marta Turnbull, Bernie Rollin, Dale Jamieson, Colin Allen, Susan Townsend und Jeff Mason haben ebenfalls einen frühen Entwurf dieses Buches gelesen und/oder viele der darin enthaltenen Sachverhalte mit mir diskutiert. Für ihre Mitarbeit an der deutschen Fassung möchte ich der Übersetzerin Janine Goss sowie Franz P. Gruber von der Stiftung Fonds für versuchstierfreie Forschung (FFVFF) in Zürich herzlich danken.

Bibliographie

Quellennachweise

Aus der amerikanischen Ausgabe des Buches werden im Folgenden vor allem diejenigen Quellen und Hinweise zum Weiterlesen aufgeführt, auf die im Text Bezug genommen wird. Diese Liste erhebt natürlich keinen Anspruch auf Vollständigkeit. Sofern es deutsche Ausgaben gibt, sind diese im Abschnitt „Tierschutz-Literatur im deutschsprachigen Raum" zu finden. Zahlreiche Literaturangaben und Adressen finden sich außerdem sowohl in meiner ‚Encyclopedia of Animal Rights and Animal Welfare' und in den Websites der Animals' Agenda (www.animalsagenda.org) sowie der American Anti-Vivisection Society (Animalearn Fact Files: www.aavs.org).

Abram, D. „The spell of the sensuous: Perception and language in a more-than-human-world", 1996, Pantheon Books, New York

Achor, A. B. „Animal rights: A beginner's guide", 1996, WriteWare, Yellow Springs, Ohio

Allen, C. „Assessing animal cognition: Ethological and philosophical perspectives", 1998, *Journal of Animal Science* 76, S. 42–47

Allen, C. und Bekoff, M. „Species of mind: The philosophy and biology of cognitive ethology", 1997, MIT Press, Cambridge, Massachusetts

Balcombe, J. „Student/teacher conflict regarding animal dissection", 1997, *The American Biology Teacher* 59, S. 22–25

Balcombe, J. „The use of animals in higher education: Problems, alternatives, and recommendations", 2000, HSUS, Washington, DC.

Balls, M. u. a. „The Three Rs: The way forward: The Report and Recommendations of ECVAM Workshop (European Centre for the Validation of Alternative Methods), ATLA 23, S. 838–866

Bateson, P. P. G. „The behavioural and physiological effects of culling red deer", 1997, Report to the Council of the National Trust, United Kingdom

Bekoff, M. „Cognitive ethology and the treatment of non-human animals: How matters of mind inform matters of welfare", 1994, *Animal Welfare* 3, S. 75–96

Bekoff, M. „Marking, trapping, and manipulating animals: Some methodological and ethical considerations", 1995, in K. A. L. Bayne und M. D. Kreger (Hrsg.): „Wildlife mammals as research models:

In the laboratory and field", Scientists Center for Animal Welfare, Greenbelt, Maryland, S. 31–47

Bekoff, M. „Are dissection and tissue and organ manipulation really essential?", 1996, *Strategies*, Frühjahr 1996, S. 4–5

Bekoff, M. „Deep ethology", 1998, *AV Magazine* (A publication of the American Anti Vivisection Society) 106 (1), S. 10–18 (Winter 1998)

Bekoff, M. (Hrsg.) „Encyclopedia of animal rights and animal welfare" (Vorwort von Jane Goodall), 1998, Greenwood Publishing Group, Westport, Conneticut

Bekoff, M. „Resisting Speciesism and expanding the community of equals", 1998, *BioScience* 48, S. 638–641

Bekoff, M. „Deep ethology, animal rights, and the Great Ape/Animal Project: Resisting Speciesism and expanding the community of equals", 1998, *Journal of Agricultural and Environmental Ethics* 10, S. 269–296

Bekoff, M. (Hrsg.) „The smile of a dolphin: Remarkable accounts of animal emotions", 2000, Random House/Discovery Books, New York

Bekoff, M. „Human-carnivore interactions: Adopting proactive strategies for complex problems", 2000, in: Gittleman, J. L., Funk, S. M., Macdonald, D. W., Wayne, R. K. (Hrsg.) „Carnivore conservation", Cambrigde University Press, London

Bekoff, M. und Jamieson, D. „Ethics and the study of carnivores", in Gittleman, J. L. (Hrsg.) „Carnivore Behavior, Ecology, and Evolution", 1996, Cornell University Press, Ithaca, New York, S. 16–45

Bowen-Jones E. und Pendry, S. „The treat to primates and other mammals from the bushmeat trade in Africa, and how this treat could be diminished", 1999, *Oryx* 33, S. 233–246

Callicott, J. B. „Animal liberation: A triangular affair", 1980/1989, in: Callicott, J. B. „In defense of the land ethic: essays in environmental philosophy", State University of New York Press, Albany, S. 15–38

Campbell, T. und Chen, C. J. „Diet and chronic degenerative diseases: Perspectives from China", 1994, *American Journal of Clinical Nutrition* 59, S. 1153–1161

Carson, R. „Silent Spring", 1962, Houghton-Mifflin, Boston

Cavalieri, P. und Singer, P. (Hrsg.) „The Great Ape Project: Equality beyond humanity", 1993, Fourth Estate, London

Crick, F. „The astonishing hypothesis: The scientific search for soul", 1994, Scribners, New York

Croke, V. „The modern ark: The story of zoos: Past, present, and future", 1997, Scribners, New York

Darwin, C. „The Descent of Man, and Selection in Relation to Sex", 1992, Princeton University Press, New Jersey

Darwin, C. „On the Origin of Species", Facsimile of the first edition, 2000, Harvard University Press, GB

Davis, S. G. „Spectacular nature: Corporate culture and the sea world experience", 1997, University of California Press, Berkeley

Dawkins, M. S. „Animal suffering: The science of animal welfare", 1980, Routledge, Chapman and Hall, New York

Dawkins, M. S. „Through our eyes only?", 1993, W. H. Freeman, San Francisco

Drayer, M. E. (Hrsg.) „The animal dealers: Evidence of abuse of animals in the commercial trade 1952–1997", 1997, Animal Welfare Institue, Washington, D.C.

Duda, M., Bissell, S. und Young, K. „Factors related to hunting and fishing participation in the United States", 1996, Transactions of the 61st American Wildlife and Natural Resources Conference, S. 324–337

Dunlap, T. R. „Saving America's wildlife: Ecology and the American mind", 1988, Princeton University Press, New Jersey

Eisnitz, G. A. „Slaughterhouse: The shocking story of greed, neglect, and inhumane treatment inside the U.S. meat industry", 1997, Prometheus Books, Buffalo, New York

Fano, A. „Lethal laws: Animal testing, human health and environmental policy", 1997, Zed Books, London

Fouts, R. und Mills, S. „Next of kin: What chimpanzees have taught me about who we are", 1997, Willian Morrow and Company, New York

Fox, M. A. „Vegetarianism", 1998, in: Bekoff (Hrsg.) 1998

Fox, M. A. „Deep Vegetarianism", 1999, Temple University Press, Philadelphia

Fox, M. W. „Beyond evolution: The genetically altered future of plants, animals, the earth ... and humans", 1999, The Lyons Press, New York

Francione, G. L. „Animals, property, and the law", 1995, Temple University Press, Philadelphia

Francione, G. L. „Rain without thunder: The ideology of the animal rights movement", 1996, Temple University Press, Philadelphia

Francione, G. L. „Introduction to animal rights: Your child or the dog?", 2000, Temple University Press, Philadelphia

Francione, G. L. und Charlton, A. E. „Vivisection and dissection in the classroom: A guide to conscientious objection", 1992, The American Anti-Vivisection Society, Jenkintown, Pennsylvania

Goodall, J. „Through a window: My thirty years with chimpanzees of Gombe", 2000, Orion Publishing Group Ltd., London

Goodall, J. und Berman, P. „Reason for hope: A spiritual journey", 1999, Warner Books, New York

Greek, C. R. und Greek, J. S. „Sacred cows and golden geese: the human costs of experiments on animals", 2000, Continuum, New York

Green, A. „Animal underworld: Inside America's market for rare and exotic species", 1999, PublicAffairs, New York

Johnson, L. E. „A morally deep world: An essay on moral significance and environmental ethics", 1991, Cambridge University Press, New York

Kirkwood, J. „Wild animal welfare", 1992, in: Ryder, R. D. und Singer, P. „Animal welfare and the environment", Duckworth, London, S. 139–154

Lorenz, K. „Here I Am – Where are You? A Lifetime's Study of the Uncannily Human Behavior of Greylag Geese", Harper Collins Publishers,????

Manes, C. „Other creations: Rediscovering the spirituality of animals", 1997, Doubleday, New York

Mighetto, L. „Wild animals and American environmental ethics", 1991, University of Arizona Press, Tuscon

O'Barry, R. und Coulbourn, K. „Behind the Dolphin Smile", 1988, Algonquin Books, Chapel Hill, North Carolina

Paul, E. S. „The representation of animals on children's television", 1996, *Antrhozoös* 9, S. 169–181

Poole, J. „An exploration of a communality between ourselves and elephants", 1998, *Etica & Animali* 9/98, S. 85–110

Regan, T. „The case for animal rights", 1983, University of California Press, Berkeley

Regan, T. und Singer, P. (Hrsg.) „Animal rights and human obligations", ^{2}1989, Prentice-Hall, New Jersey

Rollin, B. E. „Animal rights and human morality", 1981/1992, Prometheus Books, Buffalo, New York

Rollin, B. E. „The unheeded cry: Animal consciousness, animal pain and science", 1989, Oxford University Press, New York

Rollin, B. E. „The Frankenstein syndrome: Ethical and social issues in the genetic engineering of animals", 1995, Cambridge University Press, New York

Russell, W. M. S. und Burch, R. L. „The principles of humane experimental technique", 1959/1992, UFAW, Wheathampstead, England

Ryder, R. D. „The political animal: The conquest of speciesism", 1998, McFarland & Company, Inc., Publishers, Jefferson, North Carolina and London

Sapontzis, S. „We should not allow dissection of animals", 1995, *Journal of Agricultural and Environmental Ethics* 8, S. 181–189

Savage-Rumbaugh, E. S. „Why are we afraid of apes with language?", 1997, in: Seibel, A. B. und Schopf, J. W. (Hrsg.) „Origin and evolution of intelligence", Jones and Bartlett, Sudbury, Massachusetts, S. 43–69

Shapiro, K. „Animal models of human psychology: Critique of science, ethics and policy", 1998, Hogrefe & Huber Publishers, Seattle, Washington

Singer, P. (Hrsg.) „In defense of animals", 1986, Harper and Row, New York

Singer, P. „Animal Liberation", ^{2}1990, New York Review of Books, New York

Singer, P. „Ethics into action: Henry Spira and the animal rights movement", 1998, Rowman & Littlefield, Lanham, Maryland

Sobel, D. „Beyond ecophobia: Reclaiming the heart in nature education", 1996, Orion Society, Great Barrington, Massachusetts

Spira, H. „Fighting to win", 1986, in: Singer, P. (Hrsg.) 1986, S. 194–208

Stephens, M. L. „Maternal deprivation experiments in psychology: A critique of animal models", 1986, American Anti-Vivisection Society, Jenkintown, Pennsylvania

Taylor, P. W. „Respect for nature: A theory of environmental ethics", 1986, Princeton University Press, New Jersey

Tobias, M. „Voices from the underground: For the love of animals", 1999, Hope Publishing House, Pasadena, California

Woodroffe, R., Ginsberg, J. und Macdonald, D. (Hrsg.) „The African Wild Dog", 1997, International Union for Conservation of Nature and Natural Resources, Gland, Switzerland

Zinko, U., Jukes, N. und Gericke, C. „From guinea pig to computer mouse: Alternative methods for a humane education", 1997, EuroNiche

Tierschutz-Literatur im deutschsprachigen Raum

Komplett mit tierschutzrelevanter Literatur ausgestattet ist das *Archiv für Ethik im Tier-, Natur- und Umweltschutz* der Badischen Landesbibliothek Karlsruhe. Jeweils in der Dezemberausgabe eines jeden Jahres werden in der Zeitschrift ALTEX die Neuzugänge des Archivs in einem umfangreichen Literaturbericht von G. M. Teutsch besprochen. Die Dezemberausgabe von ALTEX kann einzeln abonniert werden (DM 25,- plus Versandkosten) beim Fonds für versuchstierfreie Forschung, Hegarstr. 9, CH-8032 Zürich, Fax +41–1–422–8010, ffvff@bluemail.ch)

Ach, J. S. (1999). Warum man Lassie nicht quälen darf: Tierversuche und moralischer Individualismus. Erlangen: Harald Fischer.

Adams, D. und Carwardine, M. (1992). Die Letzten ihrer Art. Eine Reise zu den aussterbenden Tieren unserer Erde. München: Heyne.

Aktion Kirche und Tier – AKUT e.V. (Hrsg.) (1999). Den Mund auftun für die Stummen ... Kirchenworte zur Mitgeschöpflichkeit der Tiere. Bochum: Biblioviel Verlag.

Altner, G. (1998). Leben in der Hand des Menschen. Die Brisanz des biotechnischen Fortschritts. Darmstadt: Primus Verlag.

Andelshauser, B. (1996). Schlachten im Einklang mit der Scharia. Die Schlachtung von Tieren nach islamischem Recht im Lichte moderner Verhältnisse. Sinsheim: Pro Universitate.

Arzt, V. und Birmelin, I. (1993). Haben Tiere ein Bewußtsein? Wenn Affen lügen, wenn Katzen denken und Elefanten traurig sind. 2. Auflage, München: Bertelsmann.

Austermühle, S. (1996). „... ,und hinter tausend Stäben keine Welt!' – Die Wahrheit über Tierhaltung im Zoo". Hamburg: Rasch & Röhring.

Austermühle, S. und Reinhardt, C. (1994). Der Zoo. Fotografien von Tieren in Gefangenschaft. Göttingen: Echo Verlag.

Badura, J. (2000). Moral für Mensch und Tier – Tierschutzethik im Kontext. München: Herbert Utz (Münchner Philosophische Beiträge).

Balzer, P., Rippe, K. P. und Schaber, P. (1997). Was heißt Würde der Kreatur? Bern: Bundesamt für Umwelt, Wald und Landschaft (BUWAL).

Baranzke, H. (1996). Das Tier – ohne Würde, Heil und Recht? In: W. Loth (Hrsg.), Jahrbuch 1995 des Kulturwissenschaftlichen Instituts im Wissenschaftszentrum Nordrhein-Westfalen, S. 150–163).

Baratay, E. und Hardouin-Fugier, E. (2000). Zoo – von der Menagerie zum Tierpark. Berlin: Klaus Wagenbach.

Barnard, Neal D. (2000). Fleisch für die Tische Chinas – die Weltpolitik drängt den Chinesen ungesunde Nahrungsmittel auf. DIE ZEIT Nr. 2.

Bartels, T. und Wegner, W. (1998). Fehlentwicklungen in der Haustierzucht. Zuchtextreme und Zuchtdefekte bei Nutz- und Hobbytieren. Stuttgart: Ferdinand Enke.

Bayer, O. (1995). Von der Freiheit menschlichen Lebens „inmitten von Leben, das leben will". In: O. Bayer (Hrsg.), Freiheit als Antwort – Zur theologischen Ethik, S. 64–75. Tübingen: J. C. B. Mohr (Paul Siebeck).

Beckmann, J. (1997). Xenotransplantation – Ethische Fragen und Probleme. Bad Neuenahr-Ahrweiler: Europäische Akademie (Graue Reihe Nr. 7).

Blüchel, K. G. (1998). Der letzte Schrei – das organisierte Verbrechen in Medizin und Wissenschaft. Hagen: Pro 1 Verlag.

Blumer, K. (1997). Phänomenologie der Achtung – Grundlegung einer Ethik für Tierversuche unter Berücksichtigung der gentechnischen Veränderung von Tieren. Diss. vet. med. München: Privatdruck.

BMFT (Hrsg.) (1986). Ersatzmethoden zum Tierversuch. Projekte in der Biotechnologie. Jülich: Kernforschungsanlage.

Bode, W. und Emmert, E. (1998). Jagdwende – Vom Edelhobby zum ökologischen Handwerk. München: C. H. Beck.

Bondolfi, A., Lerch, W. und Pezzoli-Olgiati, D. (Hrsg.) (1997). „Würde der Kreatur" – Essays zu einem kontroversen Thema. Zürich: Pano.

Breitmaier, I. (1995). Das Thema der Schöpfung in der ökumenischen Bewegung 1948–1988. Frankfurt, Berlin, Bern: Peter Lang.

Brenner, A. (1996). Ökologie-Ethik. Leipzig: Reclam.

Breßler, H.-P. (1997). Ethische Probleme der Mensch-Tier-Beziehung – eine Untersuchung philosophischer Positionen des 20. Jahrhunderts zum Tierschutz. Diss.phil. Heidelberg. Frankfurt/Main, Bern, Wien u. a.: Peter Lang.

Brinkmann, R. (1996). Vom Schöpfungsglauben zum Umwelthandeln – Umwelterziehung im Religionsunterricht. Ökologische, ethisch-theologische, umweltethische und pädagogisch-didaktische Beiträge für einen handlungsorientierten Unterricht. Diss.päd. Karlsruhe. Frankfurt/Main, Bern, Wien u. a.: Peter Lang.

Carson, R. (1981). Der stumme Frühling. München: C. H. Beck.

Caspar, J. (1999). Tierschutz im Recht der modernen Industriegesellschaft. Baden-Baden: Nomos.

Caspar, J. und Koch, H.-J. (Hrsg.) (1998). Tierschutz für Versuchstiere – Ein Widerspruch in sich? Baden-Baden: Nomos.

Cavalieri, P. und Singer P. (Hrsg.) (1996). Menschenrechte für die Großen Menschenaffen. München: Goldmann.

Chargaff, E. (1997). Zwei schlaflose Nächte – Bioethik und andere Missetaten. *Scheidewege* 27, S. 14–26.

Christiansen, W. (1990). Die Jagd ist nicht mehr zeitgemäß. Göttingen: Echo Verlag.

Clements, K. (1996). Vegan: Über Ethik in der Ernährung und die Notwendigkeit eines Wandels. Göttingen: Echo Verlag.

Consiglio, C. (2001). Vom Widersinn der Jagd. Frankfurt/Main: Zweitausendeins.

Crick, F. (1997). Was die Seele wirklich ist. Die naturwissenschaftliche Erforschung des Bewußtseins. Reinbek: Rowohlt Verlag.

Dawkins, M. S. (1996). Die Entdeckung des tierischen Bewußtseins. Reinbek: Rowohlt Verlag.

Deschner, K. (1998). Für einen Bissen Fleisch – Das schwärzeste aller Verbrechen. Bad Nauheim: ASKU-Presse.

Deutsche Forschungsgemeinschaft (1996). Forschungsfreiheit – Ein Plädoyer für bessere Rahmenbedingungen der Forschung in Deutschland. Weinheim: VHC-Verlag. (Rezension hierzu in ALTEX 14,1, S. 43–44).

Dietler, W. (1997). Gerechtigkeit gegen Thiere. – Appell von 1767. Bad Nauheim: ASKO-Presse. Neudruck.

Dinzelbacher, Peter (Hrsg.) (2000). Mensch und Tier in der Geschichte Europas. Stuttgart: Alfred Kröner.

Drawer, K. und Ennulat, K. J. (Hrsg.) (1977). Tierschutzpraxis. Stuttgart, New York: Gustav Fischer Verlag.

Droeven, A. (Hrsg.) (1985). Irrweg Tierversuch. Fakten, Daten, Hintergründe. Basel: Lenos Verlag.

Duve, K. und Völker, T. (1997). Lexikon berühmter Tiere. 1200 Tiere aus Geschichte, Film, Märchen, Literatur und Mythologie. Frankfurt/Main: Eichborn.

Eberstein, Winfried C. J. (1999). Das Tierschutzrecht in Deutschland bis zum Erlaß des Reichs-Tierschutzgesetzes vom 24. 11. 1933. Unter Berücksichtigung der Entwicklung in England. Diss. iur. Kiel. Frankfurt/Main u. a.: Peter Lang.

Engelhardt, W. (1997). Das Ende der Artenvielfalt. Aussterben und Ausrottung von Tieren. Darmstadt: Wissenschaftliche Buchgesellschaft.

Engels, Eve-Marie (Hrsg.) (1999). Biologie und Ethik. Stuttgart: Philipp Reclam jun.

Eser, U. und Potthast, T. (1999). Naturschutzethik – eine Einführung für die Praxis. Baden-Baden: Nomos.

EU (1986). Richtlinie des Rates zur Annäherung der Rechts- und Verwaltungsvorschriften der Mitgliedstaaten zum Schutz der für Versuche und andere wissenschaftliche Zwecke verwendeten Tiere (86/609/EWG). Amtsblatt der EU. L358/1 vom 18. 12. 1986.

Festetics, A. (Hrsg.) (2000). Zum Sehen geboren – das Jahrhundertwerk des Konrad Lorenz. Wien, München, Zürich: Orac.

Few, R. (2001). Bedrohte Tiere. Abenteuer Umwelt. London: Dorling Kindersley Publ., Ltd.

Fiddes, N. (1998). Fleisch – Symbol der Macht. Frankfurt/Main: Zweitausendeins. (2. Auflage der deutschen Ausgabe von 1993).

Flury, A. (1998). Der moralische Status der Tiere. Henry Salt, Peter Singer und Tom Regan. Freiburg: Alber Verlag.

Fouts, R. und Mills, S. (2000). Unsere nächsten Verwandten: Von Schimpansen lernen, was es heißt, ein Mensch zu sein. München: Droemer Knaur.

Franke, K. (Hrsg.) (1985). Mehr Recht für Tiere. Spiegel Buch. Reinbek: Rowohlt Taschenbuch Verlag.

Friedrichs, J. (1997). Die gewaltsame Legitimierung sozialer Normen. Das Beispiel der Tierrechtler/Veganer. In: Trutz von Trotha (Hrsg.), Soziologie der Gewalt, S. 327–354. Opladen und Wiesbaden: Westdeutscher Verlag.

Frommhold, D. (1994). Das Anti-Jagdbuch. Von der ökologischen und ethischen Realität des edlen Waidwerks. München: Hirthammer.

Fuchs, G. und Knörzer, G. (Hrsg.) (1998). Tier, Gott, Mensch – Beschädigte Beziehungen. Frankfurt/Main, Bern, New York, Paris, Wien: Peter Lang.

Gansterer, G. (1997). Die Ehrfurcht vor dem Leben. Diss. theol. Wien. Frankfurt/Main: Peter Lang (Interdisziplinäre Ethik 16).

Gartmann, Erika (1999). Die Notwendigkeit einer neuen Mensch-Tier-Beziehung – Zur Begründung der wahren Humanität. Kirchrain: Sonnen-Verlag.

Gärtner, K. und Militzer, K. (1992). Zur Bewertung von Schmerzen, Leiden und Schäden von Versuchstieren. In: Sambraus und Steiger, Das Buch vom Tierschutz, Stuttgart: Ferdinand Enke Verlag.

Gehrig, T. (1999). Struktur und Instrumente des Tierschutzrechts. Zürcher Studien zum öffentlichen Recht. Zürich: Schulthess Polygraphischer Verlag.

Gericke, C., Völlm, B., Rieg, T. und Keller, M. (1997). SATIS-Studie 95: Erfassung des Tierverbrauchs und des Einsatzes von Alternativmethoden im Studium an deutschen Hochschulen. Bochum: Timona Verlag.

Gerweck, G. (1997). Das Recht der Tiere. Stuttgart: Kosmos.

Goetschel, A. F. (1998). Tierschutz und Grundrechte. Bern: Paul Haupt.

Goetschel, A. F. (Hrsg.) (1993). Recht und Tierschutz. Hintergründe – Aussichten. Bern: Paul Haupt.

Goodall, J. (1991). Ein Herz für Schimpansen: Meine 30 Jahre am Gombe-Strom. Reinbek: Rowohlt Verlag.

Goodall, J. und Berman, P. (1999). Grund zur Hoffnung. München: Bertelsmann Verlag.

Gorke, M. (1999). Artensterben – von der ökologischen Theorie zum Eigenwert der Natur. Diss. phil. Bayreuth. Stuttgart: Klett-Cotta.

Gould, J. L. und Gould, C. G. (1997). Bewußtsein bei Tieren. Heidelberg, Berlin, Oxford: Spektrum Akademischer Verlag.

Gräßer, E. (1996). „Die ethische Denk-Religion" – Albert Schweitzers Ablehnung einer doppelten Wahrheit. In: Hubert Cancik, Hermann Lichtenberger und Peter Schäfer (Hrsg.), Geschichte – Tradition – Reflexion. Festschrift für Martin Hengel zum 70. Geburtstag, S. 664–677. Tübingen: J. B. C. Mohr (Paul Siebeck).

Grauvogl, A., Pirkelmann, H. und Rosenberger, G. (1996). Artgemäße und rentable Nutztierhaltung: Rinder, Schweine, Pferde, Geflügel. München: BLV-Verlagsgesellschaft.

Gruber, F. P. und Spielmann, H. (Hrsg.) (1996). Alternativen zu Tierexperimenten, Heidelberg: Spektrum Akademischer Verlag.

Hackbarth, H. und Lückert, A. (2000). Tierschutzrecht. Praxisorientierter Leitfaden. München: Jehle-Rehm.

Haferbeck, E. (1990). Pelztierzucht – Das sinnlose Sterben. Göttingen: Echo Verlag.

Haferbeck, E. und Wieding, F. (1998). Operation Tierbefreiung – Ein Plädoyer für radikale Tierrechtsaktionen. Göttingen: Echo-Verlag.

Hagen, W. und Hagen, H. (1999). Die grüne Macho-Connection. Über Jäger und Gejagte. Steinfurt: Tecklenborg Verlag.

Händel, U. M. (Hrsg.) (1984). Tierschutz. Testfall unserer Menschlichkeit. Frankfurt a.M.: Fischer Taschenbuchverlag.

Hardegg, W. und Preiser, G. (Hrsg.) (1986). Tierversuche und medizinische Ethik. Beiträge zu einem Heidelberger Symposium. Hildesheim: Georg Olms.

Hardegg, W., Livaditis, I. und Vogt, M. (Hrsg.) (1993). Tierschutz durch Alternativen. Berlin: Verlag Gesundheit.

Hartinger, W. (1997). Das betäubungslose Schächten der Tiere im 20. Jahrhundert – eine Dokumentation. München: Fachverlag für Tierschutzliteratur F. Wipfler.

Heinzelmann, C. (1999). Der Gleichheitsdiskurs in der Tierrechtsdebatte. Eine kritische Analyse von Peter Singers Forderung nach Menschenrechten für große Menschenaffen. Stuttgart: ibidem Verlag.

Henscheid, E. (1997). Sentimentale Tiergeschichten. Eine Anthologie. Stuttgart: Philipp Reclam jun.

Höffe, O. (1997). Lexikon der Ethik, 5. neubearbeitete und erweiterte Auflage. München: C. H. Beck.

Holzhey, H. und Saladin, P. (Hrsg.) (1996). Ethik in der Schweiz/Ethique en Suisse. Zürich: Pano Verlag.

Honecker, M. (1996). Das Tier als Thema der Ethik. In: Martin Honecker, Grundriß der Sozialethik, S. 268–276. Berlin, New York: de Gruyter.

Hürlimann, L. und Studer, H. (1997). Tiernutz – Tierschutz? KAG Konsument/innen – Arbeitsgruppe für tier- und umweltfreundliche Nutztierhaltung. St. Gallen: KAG-Verlag.

Hutter, K., Hutter, M. und Peter, M. (1989). Pelz macht kalt. Göttingen: Echo Verlag.

Idel, A. (1999). Tierschutzaspekte bei der Nutzung unserer Haustiere für die menschliche Ernährung und als Arbeitstier im Spiegel agrarwissenschaftlicher und veterinärmedizinischer Literatur des 18. und 19. Jahrhunderts. Diss. vet. med. Freie Universität Berlin.

Janowski, B. und Riede, P. (Hrsg.) (1999). Zukunft der Tiere. Theologische, ethische und naturwissenschaftliche Perspektiven. Stuttgart: Calwer Verlag.

Johnson, W. (1992). Zauber der Manege? Der grausame Alltag der Tiere in Zirkus, Tierschau und Delphinarium. Hamburg: Rasch und Röhring.

Jung, M. H. (1999). Tierschutzpredigten und Tierschutzvereine in Dresden. *Mitteldeutsches Jahrbuch für Kultur und Geschichte* Bd. 6, S. 83–96. Weimar, Köln, Wien: Böhlau.

Kaiser, D. (Hrsg.) (1989). Wir töten, was wir lieben. Das Geschäft mit geschützten Tieren und Pflanzen. Hamburg: Hoffman und Campe.

Kallal, T., Kallal, A. und Noll, A. (Hrsg.) (1997). Tierschutzrecht. Wien: Verlag Österreich.

Kaplan, H. F. (2000). Tierrechte – die Philosophie der Befreiungsbewegung. Göttingen: Echo-Verlag.

Kaplan, H. F. (1998). Tiere haben Rechte. Erlangen: Harald Fischer.

Karremann, M. und Schnelting, K. (1992). Tiere als Ware. Gequält – getötet – vermarktet. Frankfurt/Main: Fischer TB Verlag.

Karremann, M. (2001). Sie haben uns behandelt wie Tiere. Wie jede/r jeden Tag Tiere schützen kann. Hamburg: Höcker Verlag.

Keßler, H. (2000). Gott und das Leid der Schöpfung – Nachdenkliches zur Theodizeefrage. Würzburg: Echter Verlag.

Köpf, P. (1996). Ein Herz für Tiere? Über die radikale Tierrechtsbewegung. Bonn: Dietz Taschenbuch Verlag.

Krebs, A. (Hrsg.) (1997). Naturethik. Grundtexte der gegenwärtigen tier- und ökoethischen Diskussion. Frankfurt a.M.: Suhrkamp.

Krepper, P. (1998). Zur Würde der Kreatur in Gentechnik und Recht. Thesen zum gentechnischen Umgang mit Tieren in der Schweiz unter Berücksichtigung des internationalen Umfelds. Basel: Helbing und Lichtenhahn.

Kroth, E. (2000). Das Tierbuch. Frankfurt/Main: Zweitausendeins.

Leven, C. (1999). Tierrechte aus menschlicher Sicht. Der moralische Status der Tiere in Vergangenheit und Gegenwart unter besonderer Berücksichtigung des Präferenz-Utilitarismus von Peter Singer. Hamburg: Verlag Dr. Kovač.

Linnemann, M. (Hrsg.) (2000). Brüder, Bestien, Automaten – das Tier im abendländischen Denken. Erlangen: Harald Fischer.

Lorenz, K. (1991). Hier bin ich – Wo bist Du? Ethologie der Graugans. München: Piper.

Lorz, A. (1999). Tierschutzgesetz: Tierschutzgesetz mit allgemeiner Verwaltungsvorschrift, Rechtsverordnungen und europäischen Übereinkommen. Kommentar begründet von Albert Lorz. Bearbeitet von Ernst Metzger. 5. neubearbeitete Auflage. München: C.H. Beck.

Masson, J. M. und McCarthy, S. (1996). Wenn Tiere weinen. Reinbek: Rowohlt.

Meldeghem, C. P. Graf von (1997). Die Evolution des Gleichheitssatzes – Das Prinzip der Gleichbehandlung im Lichte der menschlichen Evolutionsbiologie. Bern, Berlin, Frankfurt/Main, New York, Paris, Wien: Peter Lang.

Meyer-Abich, K. M. (1997). Praktische Naturphilosophie. Erinnerung an einen vergessenen Traum. München: C. H. Beck.

Militzer, K. (1986). Wege zur Beurteilung tiergerechter Haltung bei Labor-, Zoo- und Haustieren. In: Sambraus und Steiger, Das Buch vom Tierschutz, Stuttgart: Ferdinand Enke Verlag.

Molinski, W. (1997). Auch Tiere sind Geschöpfe Gottes. Überlegungen zum Tierschutz. Kirche und Gesellschaft Nr. 244. Köln: Bachem.

Moses, S. (1997). Das Tier und sein Mensch. Zürich: Sanssouci.

Mütherich, B. (1999). Gegen Gewalt und Ignoranz – die Tierrechtsidee als ethisch-politisches Reformprojekt. In: Der Tierschutzkalender 2000, S. 15–22. Göttingen: Echo Verlag.

Nichol, J. (1989). Tierschmuggel. Das schmutzige Geschäft. Rüschlikon: Alber Müller Verlag.

Nicholas, M. und Goodall, J. (2000).Verwandte. Frankfurt, Main: Zweitausendeins.

Nickel, U. (1997). Tierschutzgesetz: Nur ein Trostpflaster – Der Bundesrat und die Novellierung des Tierschutzgesetzes. *Du und das Tier* 27,1, S. 26.

Nida-Rümelin, J. (Hrsg.) (1996). Angewandte Ethik. Die Bereichsethiken und ihre theoretische Fundierung. Ein Handbuch. Stuttgart: Alfred Kröner.

Precht, R. D. (1997). Noahs Erbe – Vom Recht der Tiere und den Grenzen des Menschen. Hamburg: Rotbuch.

Projektträger BEO im Auftrag des BMFT (Hrsg.) (1990). Zellen und Computer. Alternativen zum Tierversuch. Jülich: Forschungszentrum.

Rambeck, B. (1990). Mythos Tierversuch. Eine wissenschaftskritische Untersuchung. 6., erweiterte Auflage. Frankfurt. Zweitausendeins.

Rambeck, B., Clages, A. und Haferbeck, E. (1997).Tierversuche müssen abgeschafft werden. Göttingen: Echo Verlag.

Rappel, S. (1996). „Macht euch die Erde untertan" – Die ökologische Krise als Folge des Christentums? Diss.theol. Freiburg. Paderborn: Ferdinand Schöningh.

Reinhardt, C. A. (Hrsg.) (1984). Sind Tierversuche vertretbar? Beiträge zum Verantwortungsbewußtsein in den biomedizinischen Wissenschaften. Zürich: Verlag der Fachvereine.

Rieg, T., Völlm, B., Feddersen, A. und Gericke, C. (Bundesverband SATIS Hrsg.) (2. Aufl. 1996). Über Leichen zum Examen. Tierversuche im Studium. Bochum: Timona Verlag.

Roberts, M. (1997). Der mit den Pferden spricht. Bergisch Gladbach: Gustav Lübbe Verlag.

Roberts, M. (1998). Shy Boy. Gespräche mit einem Mustang. Mit Farbfotos von Christopher Dydyk. Bergisch Gladbach: Gustav Lübbe Verlag.

Röckle, A. G. (1996). Probleme und Entwicklungstendenzen des strafrechtlichen Tierschutzes. Diss.jur. Tübingen.

Ronner, P. M. (1981). Zu wahr, um schön zu sein. Tierversuche in der Heilmittelforschung. Düsseldorf: Econ Verlag.

Roth, C. (Hrsg.) (1987). Genzeit. Die Industrialisierung von Pflanze, Tier und Mensch. Ermittlungen in der Schweiz. Zürich: Limmat Verlag.

Rudolph, E. (1979). Vertrieben aus Eden. Das Tier im Zugriff des

Menschen – beherrscht, behütet, bedroht. München: Claudius Verlag.

Ruesch, H. (1978). Nackte Herrscherin. Entkleidung der medizinischen Wissenschaft. München: Edition Hirthammer.

Ruesch, H. (1979). Die Fälscher der Wissenschaft. Technischer Rapport. München: Edition Hirthammer.

Ruesch, H. (1985). Die Pharma Story. Der große Schwindel. München: Hirthammer Verlag.

Rusche, B. und Sauer, U. G. (1989–1995). Gelbe Listen. Datenbank über Alternativmethoden. Neubiberg: Akademie für Tierschutz.

Sambraus, H. H. und Steiger, A. (1997). Das Buch vom Tierschutz, Stuttgart: Ferdinand Enke Verlag.

Sandkühler, H. J. (Hrsg.) (2000). Naturverständnisse, Moral und Recht in der Wissenschaft. Zur Problematik von Tierversuchen. Frankfurt a.M.: Peter Lang.

Schmidt, W. R. (1991). Leben ohne Seele? Tier – Religion – Ethik. Gütersloh: Gütersloher Verlagshaus.

Schmidt, W. R. (1996). Geliebte und andere Tiere im Judentum, Christentum und Islam. – Vom Elend der Kreatur in unserer Zivilisation. In Zusammenarbeit mit Renate Beyer und Hanna Rheinz. Gütersloh: Gütersloher Verlagshaus.

Schmitz-Kahmen, F. (1997). Geschöpfe Gottes unter der Obhut des Menschen – Die Bewertung der Tiere im Alten Testament. Neukirchen-Vluyn: Neukirchener Verlag.

Schneider, E., Oelke, H. und Groß, H. (Hrsg.) (1989). Die Illusion der Arche Noah. Gefahren für die Arterhaltung durch Gefangenschaftszucht. Göttingen: Echo Verlag.

Schöffl, H., Schulte-Hermann, R. und Tritthart, H. A. (Hrsg.) (1992). Möglichkeiten und Grenzen der Reduktion von Tierversuchen. Wien, New York: Springer-Verlag

Schöffl, H., Spielmann, H., Döhmer, J., Goetschel, A. F., Gruber, F. P., Liebsch, M., Juan, H. (Hrsg.) (1998). Forschung ohne Tierversuche 1997. Wien, New York: Springer-Verlag.

Schöffl, H., Spielmann, H., Gruber, F. P., Appl, H., Harrer, F., Pfaller, W., Tritthart, H. A. (Hrsg.) (2000). Forschung ohne Tierversuche 2000. Wien, New York: Springer-Verlag

Schöffl, H., Spielmann, H., Gruber, F. P., Koidl, B., Reinhardt, C. A. (Hrsg.) (1993). Alternativen zu Tierversuchen in Ausbildung, Qualitätskontrolle und Herz-Kreislauf-Forschung. Wien, New York: Springer-Verlag.

Schöffl, H., Spielmann, H., Tritthart, H. A., Cussler, K., Fuhrmann, U., Goetschel, A. F., Gruber, F. P., Heusser, C., Möller, H., Ronneberger, H., Vedani, A. (Hrsg.) (1995). Forschung ohne Tierversuche 1995. Wien, New York: Springer-Verlag.

Schöffl, H., Spielmann, H., Tritthart, H. A., Cussler, K., Goetschel, A. F., Gruber, F. P., Reinhardt, C. A. (Hrsg.) (1997). Forschung ohne Tierversuche 1996. Wien, New York: Springer-Verlag.

Schuppan, D. und Hardegg, W. (Hrsg.) (1988). Tierschutz durch Alternativen. Stuttgart, New York: Gustav Fischer.

Schweitzer, A. (1999). Die Weltanschauung der Ehrfurcht vor dem Leben . Kulturphilosophie III, 1. und 2. Teil. Aus dem Nachlaß herausgegeben von Claus Günzler und Johann Zürcher. München: C.H. Beck.

Sewing, K.-F. (Hrsg.) (1994). Zum Ersatz von Tierversuchen. Kommentare – Projektberichte – Literaturbesprechungen. Hannover: Schlütersche Verlagsanstalt.

Simantke, C. und Fölsch, D. W. (Hrsg.) (2000). Pädagogische Zugänge zum Mensch-Nutztier-Verhältnis (Tierhaltung Bd. 26). Kassel: Universität Gesamthochschule.

Singer, P. (1982). Befreiung der Tiere. München: Hirthammer.

Singer, P. (1984). Praktische Ethik. Stuttgart: Philipp Reclam jun.

Singer, P. (1986). Verteidigt die Tiere. Wien: Paul Neff Verlag.

Singer, P. (1999). Wie sollen wir leben? Ethik in einer egoistischen Zeit. München: dtv.

Singer, P. (2001). Henry Spira und die Tierrechtsbewegung. Erlangen: Harald Fischer Verlag.

Sitter-Liver, B. (1999). „Würde der Kreatur" – eine Metapher als Ausdruck erkannter Verpflichtung. *Philosophisches Jahrbuch* 106. 2. Halbband, S. 465–478. Freiburg, München: Karl Alber.

Skriver, C. A. (1967). Der Verrat der Kirchen an den Tieren. München: Starczewski Verlag.

Smyth, D. H. (1982). Alternativen zu Tierversuchen. Stuttgart, New York: Gustav Fischer Verlag.

Solisti, K. und Tobias, M. (1997). Ich spürte die Seele der Tiere – Außergewöhnliche Begegnungen und Erfahrungen. Stuttgart: Kosmos.

Speich, M. (1983). Tierschutz heute: Das Dilemma. Bern: Kümmerly+Frey.

Steffahn, H. (1987). Menschlichkeit beginnt beim Tier. Gefährten und Opfer. Stuttgart: Kreuz Verlag.

Stern, H. (1979). Tierversuche in der Pharmaforschung. Originaltexte der Fernsehfilme und neue Materialien – kontrovers diskutiert. München: Kindler.

Stern, H. (1997). Das Gewicht einer Feder – Reden, Polemiken, Filme, Essays. München: Goldmann.

Stiftung Forschung 3R (Hrsg.) (1999). RRR – Alternativmethoden zu Tierversuchen. Münsingen: Stiftung Forschung 3R.

Stiller, H. (1986). Die herzlose Wissenschaft. München: F. Hirthammer Verlag.

Stöcklin, S. (1990). Alternativmethoden zum Tierversuch in der Toxikologie. Zürich: FFVFF.

Teutsch, G. M. (1975). Soziologie und Ethik der Lebewesen. Frankfurt: Peter Lang.

Teutsch, G. M. (1983). Tierversuche und Tierschutz. München: C. H. Beck.

Teutsch, G. M. (1985). Lexikon der Umweltethik. Göttingen: Vandenhoeck & Ruprecht

Teutsch, G. M. (1987). Da Tiere eine Seele haben. Stimmen aus zwei Jahrtausenden. Stuttgart: Kreuz Verlag.

Teutsch, G. M. (1987). Lexikon der Tierschutzethik. Göttingen: Vandenhoeck & Ruprecht

Teutsch, G. M. (1995). Das Tier als Objekt. Streitfragen zur Ethik des Tierschutzes. 2. überarbeitete Auflage. Frankfurt a.M.: Verlag für Akademische Schriften.

Teutsch, G. M. (1995). Die Würde der Kreatur. Erläuterungen zu einem neuen Verfassungsbegriff am Beispiel des Tieres. Bern: Paul Haupt.

Tierschutzbericht der Bundesregierung (1999). Bonn: Bundesministerium für Ernährung, Landwirtschaft und Forsten.

Veit, Barbara (1997). Das Tierschutzbuch. Mit Illustrationen von Michael Keller. Ravensburg: Ravensburger Buchverlag.

Waal, F. de (1997). Der gute Affe – Der Ursprung von Recht und Unrecht bei Menschen und anderen Tieren. München: Carl Hanser.

Walden S. und Billa, G. (1984). Endzeit für Tiere. Ein Aufruf zu ihrer Befreiung. Reinbek: Rowohlt Verlag.

Wang, A. (1998). Leben – ohne Tiere und Pflanzen zu verletzen oder zu töten. Berlin: Dragon Verlag.

Weber, J. (1996). Die Erde ist nicht Untertan. Argumente für einen ökologischen Rechtsstaat. München: DTB.

Weiss, I. (Hrsg.) (1980). Kritik der Tierversuche. Lampertheim: Kübler Verlag.

Wolf, J.-C. (1992). Tierethik. Neue Perspektiven für Menschen und Tiere. Freiburg, Schweiz: Paulusverlag

Wolf, J.-C. und Schaber, P. (1998). Analytische Moralphilosophie. Freiburg, München: Karl Alber.

Wolf, U. (1990). Das Tier in der Moral. Frankfurt: Vittorio Klostermann.

Wolf, U. (1999). Die Philosophie und die Frage nach dem guten Leben. Reinbek: Rowohlt.

Wollschläger, H. (1990). Tiere sehen dich an oder Das Potential Mengele. Zürich: Haffmanns Verlag.

Überregionale deutschsprachige Zeitschriften

ALTEX (Alternativen zu Tierexperimenten. Ein Periodikum für neue Wege in den biomedizinischen Wissenschaften). Heidelberg: Spektrum Akademischer Verlag. Bestellung bei der Herausgeberin FFVFF, Hegarstr. 9, CH-8032 Zürich, Fax +41–1–422–8010, altex@bluewin.ch oder ffvff@bluemail.ch
Websites:
http://www.altex.ch und
http://www.zet.or.at/ALTEX/index.htm und
http://altweb.jhsph.edu/science/pubs/altex/altex.htm und
http://www.spektrum-verlag.com/zschrift/09467785/index.htm

Der Tierschutzbeauftragte. Herausgegeben vom Arbeitskreis der Tierschutzbeauftragten in Bayern. München: Verlag + Medien Design. Bestellung beim AKTB, Klinikum Innenstadt, Nußbaumstr. 20, D-80336 München, Fax +49–89–5160–4738, scheuber@ch-i.med.uni-muenchen.de

Du und das Tier (DuT). Mitteilungsblatt des Deutschen Tierschutzbundes. Bestellung bei DTB, Baumschulallee 15, D-53115 Bonn.

Du + die Natur (DuN). Mitteilungsblatt des Schweizer Tierschutz. Bestellung beim STS, Dornacherstr. 101, Postfach, CH-4008 Basel sts@tierschutz.com, Fax +41–61–3659990

gaia. Vierteljahresschrift für Tier-, Natur- und Artenschutz. Bestellung bei Mobilization for Animals e.V., Mühlenstr. 9, D-37130 Göttingen, Fax +49–5508–1689

Tierrechte. Mitteilungsblatt des Bundesverbands der Tierversuchsgegner. Bestellung bei der Geschäftsstelle Roermonder Str. 4a, D-52072 Aachen, Fax +49241–155642, gericke@tierrechte.de

Tierschutz. Mitteilungsblatt des Bundesverbands Tierschutz. Bestellung beim Bundesverband Tierschutz e.V., Walpurgisstr. 40, D-47441 Moers, Fax +49–2841–26236.

Adressen und Websites

von überregional arbeitenden Tierschutz-organisationen und anderen dem Tierschutz verpflichteten Institutionen

Europaweit

ECVAM, European Centre for the Validation of Alternative Methods
JRC Institute for Health and Consumer Protection
I-Ispra
Scientific Information Service
http://ecvam-sis.jrc.it/

EUROGROUP for Animal Welfare
6, rue des Patriotes
B-1000 Bruxelles
info@eurogroupanimalwelfare.org, Tel +32–2–740 08 20,
Fax +32–2–740 08 29
www.eurogroupanimalwelfare.org

MEGAT – Mitteleuropäische Gesellschaft für Alternativmethoden zu Tierversuchen
Postfach 210, A-4021 Linz
http://www.zet.or.at/MEGAT/index.htm

Deutschland

AKUT Kirche und Tier
http://www.dike.de/akut/finder.htm

Bundesverband der Tierversuchsgegner
Menschen für Tierrechte e.V.
Roermonder Straße 4a, D-52072 Aachen
info@tierrechte.de, Tel 0241–15 72 14, Fax 0241–15 56 42
http://www.tierrechte.de/

Bundesverband Tierschutz e.V. 2001
Walpurgisstr. 40, D-47441 Moers
Tel +49–28 41–2 52 44, Fax +40–28 41–2 62 36
http://www.bv-tierschutz.de/

Deutscher Tierschutzbund e. V.
Baumschulallee 15, D-53115 Bonn
bg@tierschutzbund.de Tel +49–228–604960, Fax +49–228–6049640
http://www.tierschutzbund.de

SET, Stiftung zur Förderung der Erforschung von Ersatz- und Ergänzungsmethoden zur Einschränkung von Tierversuchen
Kaiserstr. 60, D-55116 Mainz
Tel +49-6131-237789, Fax +41-6131-235698
http://www.rhx.com/set/

Tierschutzorganisation Vier Pfoten e. V.
Gro Brunnenstr. 63a, D-22767 Hamburg
Info@vier-pfoten.de; BeateSchueler@vier-pfoten.de,
Tel +49-40-3992490, Fax +41-40-39924999
http://www.vier-pfoten.de

ZEBET, Zentralstelle zur Erfassung und Bewertung von Ersatz- und Ergänzungsmethoden zu Tierversuchen
Diedersdorferweg 1, D-12777 Berlin
zebet@bgvv.de, Tel +49-30-84122270, Fax +41-30-84122958

Schweiz

ALTEX, Alternativen zu Tierversuchen
Herausgeberin Stiftung Fonds für versuchstierfreie Forschung FFVFF
Hegarstr. 9, Postfach 1766, CH-8032 Zürich
altex@bluewin.ch, Tel +41-1-3800830, Fax +41-1-4228010
http://www.altex.ch und http://www.ffvff.ch

Arbeitsgruppe zum Schutze der Meeressäuger ASMS
Oberdorfstrasse 16, Postfach 30, CH-8820 Wädenswil
admin@asms-swiss.ch, Tel. 01-780 66 88, Fax 01-780 68 08
http://www.asms-swiss.ch

Schweizer Tierschutz STS
Dornacherstr. 101, Postfach, CH-4008 Basel
sts@tierschutz.com, Tel. +41-61-3659999, Fax +41-61-3659990
http://www.tierschutz.com

Schweizer Liga gegen Vivisektion
3, chemin des Arcs-en-Ciel, Case postale 148, CH-1226 Thonex
lscv@bluewin.ch, Tel +41-22-3497373
http://www.lscv.ch

Stiftung Forschung 3R
Postfach 1372 CH-3110 Münsingen
research3r@bluewin.ch, Tel +41-31-7220831, Fax +41-31-7220834
http://www.forschung3r.ch/

VIER PFOTEN – Stiftung für Tierschutz
Zeltweg 50, CH – 8032 Zürich
office@vier-pfoten.ch, Tel.: 01/253 67 20, Fax: 01/253 67 29
http://www.vier-pfoten.ch

Österreich

Wiener Tierschutzverein – Wiener Tierschutzhaus
Triester Str. 8, A-2331 Vösendorf
webmaster@wr-tierschutzverein.org, Tel +43-1-69924500
http://www.wr-tierschutzverein.org

zet – Zentrum für Ersatz- und Ergänzungsmethoden zu Tierversuchen
Niederhofstr. 6/12, A-1120 Wien
info@zet.or.at, Tel +43-1-8151023, Fax +43-1-8179404
http://www.zet.or.at

Weitere Internetadressen

Tierschutz/Tierrechte:
www.tierrechte.de
www.peta.de
www.vier-pfoten.de
www.vier-pfoten.ch
www.animal-rights.de
www.tierschutzbund.de
www.tierschutz.de
www.tierschutz.org
www.fellbeisser.de
www.animals-angels.de
www.react-online.de
www.tierschutz-2000.de
www.tierschutz-online.de
www.tierschutz-online.com
www.tierrechte-nuernberg.de
www.tierhilfswerk.de
www.vrz.net/humanitas
www.tierrecht.de
www.tierschutzmagazin.de
www.tiernotruf.org
www.vegetarismus.org/kaplan/index.htm
www.protier.ch

Arten-, Natur- und Umweltschutz:
www.greenpeace.de
www.wwf.de
www.oroverde.de
www.umweltlexikon-online.de

www.umweltbundesamt.de
www.ifaw.org/press/german
www.prowildlife.de
www.bfn.de
www.g-o.de
www.cites.org
www.wisia.de

Primaten:
www.greatapeproject.org/international/german/index.html
www.primatis.de
www.berggorilla.com
www.4apes.com/de/bonobo
www.protier.ch
www.janegoodall-germany.org
www.heise.de/tp/deutsch/inhalt/co/2636/1.html

Tierversuche:
www.tierrechte.de
www.aerzte-gegen-tierversuche.de
www.tierschutz.de/SATIS
www.tierversuchsgegner.org
www.datenbank-tierversuche.de

Genmanipulierte Tiere und Lebensmittel:
www.greenpeace.de
www.bund-naturschutz.de
www.gen-ethisches-netzwerk.de
www.bmt-tierschutz.dsu
www.naturkost.de
www.bund.net
www.verbraucherministerium.de
www.kagfreiland.ch

Vegetarismus:
www.veganswines.de
www.vegetarierbund.de
www.vegan.de
www.vegan-welt.de
www.ivu.org
www.vegetarismus.ch
www.dervegetarier.de
www.veganissimo.vegan.de
www.vgt.ch
www.vgt.at